Über die äußerste Grenze der letzten Vereisung in Nordwest-Deutschland.

von

Privatdozent Dr. **Karl Gripp** in Hamburg.

Sonderabdruck aus Mitteilungen der Geographischen Gesellschaft in Hamburg Band XXXVI.

Hamburg
L. Friederichsen & Co.
1924

Einteilung:

A. Einleitung und Literaturverzeichnis 161
B. Historischer Teil 167
C. Gang der Untersuchung 170
D. Die morphologische Grenze 171
I. Grundbemerkungen 171
II. Die einzelnen Landschaftstypen 175
a) Ihre Beschreibung 178
1. Die Hüttener Berge 178
2. Der Geschiebemergelwall um Disnack 179
3. Die Harburger Berge 181
5. Der Kisdorfer Wohld 186
b) Ihre Kennzeichen 188
III. Die Verbreitung der einzelnen Landschaftstypen 189
E. Die Deutung der morphologischen Grenze 208
I. Die Entstehung der J-Landschaft 208
II. Die Entstehung der A-Landschaft 209
III. Die Zeit der Entstehung der A- und J-Landschaft 213
IV. Die Bedeutung der morphologischen Grenze 217
F. Geologische Belege für die Richtigkeit der Deutung der morphologischen Grenze 218
I. Der geologische Aufbau des Gebietes der morphologischen Grenze 218
II. Über den sogenannten Lüneburger Eisvorstoß 219
III. Die Lage und Bedeckung der Interglazialvorkommmen 223
IV. Eisboden und Solifluktion 234
V. Über die Sölle 241
G. Schluß 242

A. Einleitung.

Es ist eine auffallende Tatsache, daß über die Entstehung der Schichten, die im norddeutschen Flachland weitaus den größten Anteil an der Zusammensetzung der Erdoberfläche haben, nämlich der Eiszeitablagerungen, nur wenig Klarheit besteht. Man ist sich zwar einig, daß jene Schichten nach einer Inlandvereisung zurückblieben, aber schon bei der Frage, ob einmal oder mehrfach Inlandeis unser Gebiet bedeckte, gehen die Ansichten der berufensten Forscher auseinander, und unter denen, die eine mehrfache Wiederholung des Vereisungsphänomens für bewiesen halten, unter den Polyglazialisten, finden wir die Anschauungen dreifacher, vierfacher und siebenfacher Vereisung energisch vertreten. Bei Annahme mehrerer Vereisungen ergibt sich weiter die Frage, wie weit die einzelnen Eisvorstöße gegen Süden vorgedrungen sein mögen; auch hierüber besteht keine einheitliche Anschauung. Für Hamburgs Umgebung wird zum Teil behauptet, das Eis, das die ostholsteinische Seenlandschaft entstehen ließ, habe Mittelholstein nicht überschritten; es seien somit die Höhen von Itzehoe, Blankenese, Geesthacht, Harburg und der Lüneburger Heide älter als die Ostholsteins! Andere, gleichfalls sehr erfahrene Geologen aber behaupten, die letzten Inlandeismassen, die über das Gebiet der heutigen Ostsee herüber kamen, wären bis an die Aller vorgedrungen, und die Landschaften Ostholsteins, Südholsteins und der Lüneburger Heide gehörten somit demselben Eisvorstoß an. Also gerade für Hamburgs Umgebung ist die Frage nach der Südgrenze der letzten nordwestdeutschen Vereisung noch nicht entschieden. Dies raubt vor allem dem Geologen die Unterlagen für die Deutung des Alters einer Reihe von Süßwasser- und Meeresabsätzen (z. B. Torf, Kieselgur, Süßwasserkalke, Meerestone u. a.), für die Altersbestimmung unserer Talsysteme, für Alter und Entstehung der Böden und anderes. Es nimmt dem Geographen die sichere Grundlage bei der Deutung der hiesigen Oberflächenformen und es ist mißlich für die Untersuchung über die Besiedelung unseres Gebietes durch den Eiszeitmenschen.

Wenn die Erscheinungen der diluvialen Vereisung für unser Gebiet bisher nicht eindeutig geklärt sind, so ist der Grund hierfür z. T. darin zu sehen, daß die Diluvial-Geologen Gebiete, in denen heute noch ähnliche Inlandeismassen abschmelzen, nicht aus eigener Anschauung kennen. Es ist meines Wissens kein einziger, im Diluvium erfahrener Geologe für längere Zeit auf Grönland oder Spitzbergen gewesen. Alle glaziologischen Beobachtungen jener Gebiete sind von Geographen oder anderen Naturwissenschaftlern gemacht und beziehen sich hauptsächlich auf das Inlandeis selber. Es ist leider zu befürchten, daß bedeutende Fortschritte in der Erkenntnis der diluvialen Vereisungen nicht eher erreicht werden, als bis die rezenten Phänomene vom Rande des Inlandeises von eigens ausgesandten Spezialforschern eingehender untersucht sind. Daß Deutschland mit seinem besonderen Interesse an diesen Fragen z. Zt. nicht an die Erfüllung dieser Aufgabe gehen kann, ist schmerzlich.

Wenn nachstehend an die Untersuchung eines kleinen Teils jener Fragen herangegangen wird, so geschieht dies, weil ich gesehen habe, daß sich trotz des oben erwähnten Fehlens wichtiger Grundlagen mehr als bisher erreichen läßt. Beobachtungen in der nördlichen Lüneburger Heide lehrten mich nämlich ganz andere Oberflächenformen kennen, als ich sie aus dem östlichen Holstein kannte, und es zeigte sich ferner, daß diese Unterschiede bei geeigneter Vorbereitung auch auf den so trefflichen Meßtischblättern 1 : 25 000 zu erkennen sind. Damit aber ergab sich selbst für einen Einzelnen die Möglichkeit: erstens die Verbreitung gewisser Formentypen über große Gebiete zu verfolgen und zweitens neben den bisherigen Untersuchungsarten der diluvialen Ablagerungen eine nicht genügend gewürdigte, die morphologische, mehr in den Vordergrund zu rücken.[1])

Naturgemäß waren zahlreiche Beobachtungen im Gelände erforderlich. Zu den Kosten für die Reisen und das umfangreiche Kartenmaterial trugen bei vor allem die Hamburgische Wissenschaftliche Stiftung, ferner mit kleineren Beträgen die Notgemeinschaft deutscher Wissenschaft und die L. Friederichsen Stiftung der Geographischen Gesellschaft zu Hamburg. Ferner gestattete mir Herr Professor Passarge die Benutzung der Kartensammlung des Geographischen Seminars, und ließ die beigegebenen Textfiguren von der Zeichnerin des Seminars, Fräulein Kloss, anfertigen. Allen Genannten sei auch an dieser Stelle bestens gedankt.

---

[1]) das ist inzwischen auch geschehen durch die auf meine Anregung ausgeführten Untersuchungen von H. Halske: Die Endmoränen auf M. Bl. Trittau. Dissertation, Hamburg 1924 und E. Todtmann (s. Literaturverzeichnis.)

Verzeichnis der erwähnten Literatur.

1. Berendt, G.: Vorbemerkungen zur geol. Karte der Provinz Preußen. Schriften d. Phys. ökon. Gesellschaft Königsberg 7, S. 71. 1866.
2. „ „ Die Sande im norddeutschen Tieflande und die große diluviale Abschmelzperiode. Jahrb. d. Preuß. geol. Landesanstalt 1881, S. 482.
3. Beyle, M.: Über einige Ablagerungen fossiler Pflanzen der Hamburger Gegend. I. Jahrb. d. Hamb. Wiss. Anstalten 30, 1912, 6. Beiheft. Hamburg 1913, S. 84. II. Beiheft z. Jahrb. d. Hamb. Wiss. Anstalten 36, 1918; Mitt. a. d. Min. Geol. Inst. in Hamburg 1920, S. 33. III. Mitt. a. d. Min. Geol. Staatsinstitut Hamburg 1924, S. 1.
4. Credner, H., Geinitz, E., Wahnschaffe, F.: Über d. Alter d. Torflagers von Lauenburg a. d. Elbe. Neues Jahrbuch f. Min. Geol. u. Pal. 1893, I, S. 33.
5. Dammer, B.: Über einige neue Fundpunkte interglazialer Ablagerungen i. d. Lüneburger Heide. Jahrb. d. Preuß. Geol. Landesanstalt 28, S. 658, 1907.
6. Finckh, L.: Wissenschaftliche Ergebnisse a. d. Blättern Groß-Tychow und Seeger; ebenda 26, S. 699, 1905.
7. Gagel, C.: Über d. diluviale Süßwasserfauna bei Tarbeck in Holstein; ebenda 22, S. 293, 1902.
8. „ „ Einige Bemerkungen über die obere Grundmoräne in Lauenburg; ebenda 24, S. 458, 1903.
9. „ „ Über die südliche und westliche Verbreitung der oberen Grundmoräne in Lauenburg. Zeitschr. d. deutschen geol. Gesellschaft, 57. Monatsber. S. 434, 1905.
10. „ „ Beiträge zur Kenntnis des Untergrundes von Lüneburg; ebenda 30, I, S. 165, hier von Belang S. 253 u. f. 1909.
11. „ „ Die Gliederung des Schleswig-Holsteinischen Diluviums; ebenda 31. II. 1910, S. 193.
12. „ „ Neue Fortschritte i. d. geol. Erforschung Schleswig-Holsteins. Geol. Rundschau II. 1911 u. Schriften d. Naturwiss. Vereins in Schleswig-Holstein 15, S. 223, 1911.
13. „ „ Die Beweise für eine mehrfache Vereisung Norddeutschlands in diluvialer Zeit. Geol. Rundschau 4, S. 319, 444 u. 588, 1913.
14. „ „ Die letzte große Phase der diluvialen Vergletscherung Norddeutschlands. Ebenda VI, S. 49, 1915.
15. De Geer, G.: Über die 2. Ausbreitung des skandinavischen Landeises. Zeitschrift d. deutschen geolog. Gesellschaft 37, S. 177, Tafel 13 Karte, 1885.
16. Geinitz, E.: Geologische Übersichtskarte von Mecklenburg 1 : 200 000. 1922.
17. Gottsche, C.: Die Endmoränen und das marine Diluvium Schleswig-Holsteins. Diese Mitteilungen 13, 1897.
18. Gripp, K.: Über fossile Abtragungsformen im Diluvium NW-Deutschlands. Zentralblatt f. Min. Geol. u. Pal. 1924, S. 109.

19. Haas, H.: Studien über die Entstehung der Föhrden an der Ostküste Schleswig-Holsteins sowie der Seen und des Flußnetzes dieses Landes. Mitt. a. d. Min. Inst. d. Univ. Kiel. I, S. 13, 1888.
20. Helland, A.: Über die glazialen Bildungen der Nordeuropäischen Ebene. Zeitschr. d. deutschen geol. Gesellschaft 31, S. 63, 1879.
21. Högbom, B.: Über die geologische Bedeutung des Frostes. Bull. of the geol. Inst. of the University of Upsala. 1914, S. 257.
22. Horn, E.: Die geol. Aufschlüsse des Stadtparks in Winterhude und des Elbtunnels und ihre Bedeutung für die Geschichte der Hamburger Gegend in postglazialer Zeit. Mit Diskussion von Menzel, Gagel, Koert und Wolff. Zeitschr. d. Deutschen Geol. Gesellschaft. 64. Mon.-Ber., S. 130, 1912.
23. Jessen, Axel, Madsen, V., Milthers V. u. Nordmann, V.: Brörup Mosernes Lejringsforhold. Danmarks geologiske Undersögelse 4. Raekke, Bd. I, No. 9, 1918.
24. Keilhack, K.: Über präglaziale Süßwasserbildungen im Diluvium Nord-Deutschlands. Jahrb. d. Preuß. Geol. Landesanstalt. 1882, S. 133.
25. „ „ Über Deltabildung am Nordrande des Fläming und über Gehängemoore auf demselben. Ebenda 1886, S. 135.
26. „ „ Über das Alter des Torflagers von Lauenburg a. d. Elbe. Neues Jahrb. f. Min. Geol. und Pal. 1892, I, S. 151.
27. „ „ Geologische Übersichtskarte der Provinz Brandenburg 1: 500000. 1921.
28. „ „ Die äußersten Endmoränen der jüngsten Vereisung Norddeutschlands. Geol. Rundschau VII, S. 340, 1916.
29. Klockmann, F.: Die südliche Verbreitungsgrenze des oberen Geschiebemergels und deren Beziehung zu den Vorkommen der Seen und des Lößes in N.-Deutschland. Jahrb. Preuß. Geol. Landesanstalt. 1883, S. 238.
30. Koert: Letzte Vereisung südlich der Elbe. Jahrb. Preuß. Geol. Landesanstalt 23. 1902. S. 625.
31. Lamansky, W. W.: Das Absterben der Gletscher und die Eiszeit. Zeitschr. f. Gletscherkunde, VIII, S. 175, 1914.
32. Lossen, K. A.: Diluvium bei Berlin. Zeitschr. d. Deutschen Geol. Gesellschaft 27, S. 490, 1875.
33. Madsen, V.: Terrainformerne paa Skovbjerg Bakkeö. Danmarks geologiske Undersögelse IV Raekke Bd. 1, Nr. 12, 1921.
34. Monke: Zweimalige Vereisung und Interglazial südlich der Elbe. Jahrb. Preuß. Geol. Landesanstalt 23, 1902, S. 625.
35. Müller, G.: Die Ergebnisse der Untersuchungen auf Bl. Lauenburg (Elbe); ebenda 20, S. L, 1899.
36. Nordmann, V., Jessen, Knud, Milthers, V.: Quartärgeologische Beobachtungen auf Sylt. Meddelselser fra Dansk geologisk Forening VI, No. 15, 1923.
37. Olbricht, K.: Die Höhenschichtenkarte der Lüneburger Heide. Petermanns Mitteilungen 56, II, S. 115, 1910.
38. „ „ Grundlinien einer Landeskunde der Lüneburger Heide. Stuttgart 1909.
39. Passarge, S.: Morphologie des Meßtischblattes Stadtremda. Diese Mitteilungen 28, 1914.
40. „ „ Die Vorzeitformen der deutschen Mittelgebirgslandschaften. Petermanns Mitteilungen 65, S. 41, 1919.

41. Passarge, S.: Grundlage der Landschaftskunde III. Hamburg 1920.
42. Peltz, W.: Höhenschichtenkarte von Mecklenburg-Schwerin. O. J.
43. Penck, A.: Die Geschiebeformation Norddeutschlands. Zeitschr. d. Deutschen Geol. Gesellschaft 31, S. 117, 1879.
44. „ „ Die Vergletscherung der deutschen Alpen. Leipzig 1882.
45. „ „ Mensch und Eiszeit. Archiv für Anthropologie XV, S. 211. Braunschweig 1884.
46. „ „ Das Deutsche Reich in Kirchhof: Länderkunde des Erdteils Europa. 1887.
47. „ „ und Brückner, E.: Die Alpen im Eiszeitalter 1909.
48. Rathjens, C.: Morphologie des Meßtischblattes Saalfeld. Hamburg 1920.
49. Reid, Cl.: On the origin of Dry Chalk Valley and of Coombe Rock. Quarterly Journal of the geol. Soc. 43, S. 364, 1887.
50. Salomon, W.: Die Bedeutung der Solifluktion für die Erklärung deutscher Landschafts- und Bodenformen. Geol. Rundschau VII, S. 30, 1916.
51. — Tote Landschaften und der Gang der Erdgeschichte . Sitzungsberichte d. Heidelberger Akademie der Wissenschaften. Math. Natur. Cl. A. I, 1918.
52. „ „ Die Intensitäten alluvialer und diluvialer geologischer Vorgänge und ihre Einwirkung auf die pliozäne Rumpffläche des Kraichgaues und Odenwaldes; ebenda A 3, 1924.
53. Schlunk, J.: Endmoränen Blatt Wakendorf. Jahrb. Preuß. Geol. Landesanstalt 31. II. 1910, S. 505.
54. Schneider, O.: Aufnahme der Blätter Boissin und Bulgrin; ebenda 26, S. 705, 1905.
55. Schmierer, Th.: Über fossilführende Interglazialablagerungen bei Oschersleben und Ummendorf (Prov. Sachsen) und über die Gliederung des Magdeburg-Braunschweigischen Diluviums im allgemeinen; ebenda 33. II. S. 400, 1914.
56. Schröder, H. u. Stoller, J.: Wirbeltierskelette aus den Torfen von Klinge bei Cottbus; ebenda 26, S. 418, 1905.
57. Schucht, F.: Die interglazialen Ablagerungen von Godenstedt bei Zeven. Aus der Heimat — für die Heimat, Beiträge zu Naturkunde NW.-Deutschlands. N. F. Heft 1. 1908.
58. Spethmann, H.: Forschungen am Vatnajökull auf Island und Studien über seine Bedeutung für die Vergletscherung Nord-Deutschlands. Zeitschr. d. Ges. für Erdkunde zu Berlin 1912.
59. Stoller, J.: Beiträge zur Kenntnis der Diluvialflora Norddeutschlands. Jahrb. Preuß. Geol. Landesanstalt 29. I. S. 114, 1908.
60. „ „ Die Landschaftsformen der südlichen Lüneburger Heide vom geologischen Standpunkt betrachtet. Jahresbericht d. Niedersächsischen Geol. Vereins II. S. 126. 1909.
61. „ „ Erläuterungen z. geolog. agronom. Karte der Gegend östlich von Verden a. d. Aller. 1910.
62. „ „ Der jungdiluviale Lüneburger Eisvorstoß. Jahresbericht d. Niedersächsischen Geol. Vereins VII, S. 214, 1914.
63. „ „ Geolog. Führer durch die Lüneburger Heide. Braunschweig 1918.

64. Struck, R.: Der Verlauf der nördlichen und südlichen Hauptmoräne in der weiteren Umgebung Lübecks. Mitteilungen der Geograph. Gesellschaft in Lübeck. Heft 16, 1902.

65. „ „ Der baltische Höhenrücken; ebenda 2. Reihe, Heft 19, 1904.

66. Tietze, O.: Die äußersten Endmoränen der jüngsten Vereisung Norddeutschlands. Geolog. Rundschau VII, S. 110, 1916.

67. Todtmann, E.: Die geologische Entstehung des Kateminbachtales nördlich der Göhrde. Dissertation Hamburg 1924. Verh. d. Naturw. Vereins zu Hamburg. 4. Folge Bd. 1, Heft 2, 1915.

68. Wahnschaffe-Schucht: Geologie und Oberflächengestaltung des norddeutschen Flachlandes. Stuttgart 1921.

69. Weber, C.: Über 2 Torflager im Bette des Nordostsee-Kanals bei Grünenthal. Neues Jahrb. f. Min. Geol. und Pal. 1891, Bd. 2, S. 62.

70. Weber, C. A.: Über die fossile Flora von Honerdingen und das nordwestdeutsche Diluvium. Abhandl. d. naturw. Vereins zu Bremen 13, S. 413, 1896.

71. Werth, E.: Die äußersten Jungendmoränen in Norddeutschland und ihre Beziehungen zur Nordgrenze und zum Alter des Löß. Zeitschr. f. Gletscherkunde VI, S. 250, 1912.

72. Wolff, W.: Die Eiszeit in Deutschland. Aus der Heimat 26, 1913, S. 65.

73. „ „ Das Diluvium der Gegend von Hamburg. Jahrb. Preuß. Geol. Landesanstalt 36, II, S. 227, 1915.

74. „ „ Erdgeschichte und Bodenaufbau Schleswig-Holsteins. 2. Aufl., Hamburg 1922.

75. „ „ Über einen Interglazialtorf aus Holstein. Zeitschr. d. geol. Gesellschaft 74. Mon.-Ber. S. 68, 1922.

76. Wunderlich, E.: Die Oberflächengestaltung des norddeutschen Flachlandes. I. Das Gebiet zwischen Elbe u. Oder. Geographische Abhandlungen Neue Folge, Heft 3, 1917.

77. „ „ Die allgemeine Oberflächenentwicklung des mitteleuropäischen Flachlandes. Bibl. Geogr. Handbücher. Penck Festband S. 117. Stuttgart 1918.

78. Zeise, O.: Beitrag zur Kenntnis der Ausbreitung sowie bes. der Bewegungsrichtung des nordeuropäischen Inlandeises in diluvialer Zeit. Dissertation Königsberg 1899.

Ferner sind erwähnt von der Geolog. Karte von Preußen 1 : 25 000 die Erläuterungen zu den Blättern:

Podejuch Lfrg. 67	Harburg, Hittfeld Lfrg. 155	Bergedorf, Glinde Lfrg. 176
Lauenburg Lfrg. 108	Bevensen, Bienenbüttel, Ebstorf Lfrg. 156	Eimcke Lfrg. 188
Belzig, Brück, Görzke, Klepzig, Niemegk Lfrg. 137	Wriedel Lfrg. 158	Wedel Lfrg. 192
	Hamwarde Lfrg. 168	Dolle, Kolbitz Lfrg. 249.

B. Historischer Teil.

Nachdem durch Berendt 1866 (1)[1]) und Lossen 1875 (32) erkannt war, daß im norddeutschen Diluvium eine auf große Strecken gleichbleibende Zweiteilung der Ablagerungen möglich sei, brachte Helland 1879 (20, S. 93) diese verschiedenen Ablagerungen in Beziehung zu aufeinanderfolgenden Vereisungen. Im gleichen Jahre glaubte A. Penck (43) in Norddeutschland die Reste dreier Vereisungen aufgefunden zu haben, eine Anschauung, deren Berechtigung von ihm selber bald darauf zum mindesten wieder angezweifelt wurde (44, S. 322).

Im Jahre 1883 warf Klockmann (29) als Erster die Frage auf, wie weit der obere Geschiebemergel und somit die jüngste Vereisung Norddeutschlands gegen Süden reiche. Er glaubt, in dem ganzen Gebiet südwestlich der Elbe käme tieferer Geschiebemergel, also Unterdiluvium vor, während im Norden der Elbe i. a. zwei Geschiebemergel aufträten, wobei jedoch ein allmähliches Auskeilen des oberen Geschiebemergels in der Richtung von Norden gegen Süden zu erkennen sei.

Im folgenden Jahre spricht A. Penck (45) als Erster von äußeren Moränen, die stärker abgetragen und zum Teil von Löß bedeckt sind, und von inneren, seenreichen Moränen. Den äußeren schreibt er ein höheres Alter zu. Die Südgrenze der jüngsten Vereisung zieht er auf der beigegebenen Tafel von der Zuider-See an den Fuß des Wiehen-Gebirges, nördlich von Braunschweig und Magdeburg und weiter gegen Südosten in die Lausitz. 1888 (46, S. 510) führte Penck die gleichen Gedanken weiter aus.

Anno 1884 unterschied de Geer (15) hauptsächlich auf Grund der Richtung der jüngeren Gletscherschrammen und der Verbreitung von Ålandgeschieben einen jüngeren, baltischen Eisstrom. In dem Geschiebemergel des Ostseegebietes sah er die Moräne dieses Eisstromes. Haas führte dann 1888 (19, S. 25) auf Grund der de Geer'schen Karte den Westrand der Schleswig-Holsteinischen Hügellandschaft als Grenze der jüngsten Vereisung auf. 1889 zieht Zeise (78) die Grenze der jüngsten Vereisung aus 20 km Abstand elbabwärts von Hamburg in nordöstlicher Richtung zum Grimmelsberg bei Tarbeck und von

[1]) Zahlen in Klammern verweisen auf das Literatur-Verzeichnis S. 163.

dort weiter nördlich am Rande der Hügellandschaft entlang, wobei aber unentschieden bleibt, ob sie stellenweise auf das vorliegende, flache Sandgebiet überspringt. Er hält es außerdem für möglich, daß oberer Geschiebemergel stellenweise weiter nach Westen gereicht hat und nachträglich zerstört ist. Auch Gottsche kommt in seiner Arbeit über die Endmoränen Schleswig-Holsteins zu keiner genauen Grenze der sog. zweiten Vereisung. (17, S. 56.)

Diese unbefriedigenden und voneinander so stark abweichenden Ergebnisse erklären sich z. T. aus den damaligen Anschauungen über die Stratigraphie diluvialer Ablagerungen. Unverwitterter, grauer Geschiebemergel wurde zur älteren, gelber Geschiebelehm zur jüngeren Eisbedeckung gerechnet, und Bryozoensande — das Auswaschungsprodukt von Geschiebemergel — kamen nach damaliger Anschauung nur als einheitlicher Horizont zwischen unterem und oberem Geschiebemergel vor.

Mit diesen Anschauungen hat z. T. Struck (65) aufgeräumt, zum anderen Teil Gagel (7 u. 8), als er von 1900 an begann, das Gebiet zwischen Lauenburg und Lübeck zu kartieren. Aber trotz dieser besseren Einsicht und trotz der Arbeiten von Stoller, Werth, Wolff, Gagel, Koert und Wunderlich war die Frage über die äußerste Grenze des jüngsten, sog. baltischen Eisvorstoßes bisher nicht entschieden. Teils wurde jene Grenze südlich der Elbe, teils nördlich der Elbe angegeben oder gesucht; dies ist um so auffallender, als ein Streifen Landes von der Ostsee ausgehend bis über die Aller nach Süden von der Preußischen Geologischen Landesanstalt im Maßstab 1 : 25 000 kartiert ist. Da nun gerade zwischen den kartierenden Geologen keine Übereinstimmung in obiger Frage zu erzielen war, erschien es für einen Einzelnen ausgeschlossen, auf gleichem Wege mehr zu erreichen. Die Lösung der vorliegenden Frage, die aus manchen Gründen dringlich ist, konnte deshalb mit Aussicht auf Erfolg nur auf anderem als dem bisher benutzten Wege versucht werden. Schon 1882 erwähnte Penck und zwar anscheinend als Erster (44, S. 307), daß sich bei den Moränen des Alpenrandes einerseits „verwaschene, ausgeglichene, von einem regelmäßigen Talsystem durchsetzte“ und zudem $\pm$ von Löß bedeckte, andererseits „unverwaschene, aus einem wirren Durcheinander von Hügeln und Vertiefungen“ bestehende Moränen unterscheiden lassen. Penck konnte auch nachweisen, daß die verwaschenen Moränen einer älteren Vereisung angehören als die unverwaschenen. In seinem späteren Werk redet er von Alt- und Jungmoränen (47 I. S. 125).

Im Jahre 1909 betont Stoller (60, S. 127), daß die südliche Lüneburger Heide eine „alte, ausgereifte Erosionslandschaft" sei und in dieser Beziehung im Gegensatz stehe zu Diluvialgebieten weiter nördlich und nordöstlich. Viel deutlicher drückt sich im gleichen Jahre Gagel aus (10, S. 254), der in dem Gebiet des Wilseder Berges und Garlstorfer Forstes „greisenhafte" Formen einer früheren Eiszeit sieht. Er hebt die morphologischen Unterschiede zwischen jenem Gebiet und der ostholsteinischen Schweiz sehr treffend hervor; er erklärt aber eine Seite vorher den Erbstorf-Vastorfer Höhenzug und andere Vorkommen der Gegend für sicher jungdiluvialen Alters. 1913 findet sich bei Wolff (72, S. 80) eine gleiche Betrachtungsweise: „Die Moränen — — sind am frischesten und großartigsten im innern Kreise um Skandinavien erhalten. Je weiter man an die Außengrenze des Eiszeitphänomens geht, um so länger und stärker verwitterte, greisenhaft gewordene Formen erblickt man". Auch Gagel spricht im gleichen Jahre (13, S. 337) von jungen, frischen Endmoränen im Osten Schleswig-Holsteins und von dem vor diesen Endmoränen gelegenen, älteren Diluvialgebiet.

1915 bezeichnet Wolff (73, S. 228) die ganze nordelbische Geest als durch reife, alte Landschaftsformen gekennzeichnet, und im Gegensatz dazu (73, S. 229) das Gebiet bei Ahrensburg und weiter nördlich und östlich als junge Moränenlandschaft, unruhig und hügelreich, mit zahlreichen, abflußlosen Kesseln und offenen Seen. Er setzt hinzu: „wir sind aus dem Bereich der älteren Vereisung in denjenigen der jüngsten gelangt". Im gleichen Jahre spricht auch Gagel (14, S. 55) von den morphologischen Unterschieden der Glaziallandschaft des baltischen Höhenrückens („frische, schroffe, steil abgeböschte Formen mit sehr vielen abflußlosen Vertiefungen") und der südlich und westlich davon gelegenen, „meist völlig abdrainierten" Landschaft mit „viel ruhigeren, sanfteren, unverkennbar stark eingeebneten Formen".

Dennoch gibt Gagel (ebenda S. 58) an, daß das junge Diluvium den Ostrand von Föhr erreicht, die Unterelbe nordwestlich von Stade etwas überschreitet und in der Lüneburger Heide weit nach Westen vorstößt. Stoller hält auch 1918 (63) an seinen früheren Anschauungen fest, wonach um die Lüneburger Bucht ein Kranz von jungdiluvialen Endmoränen liegt, der in dem Gebiet zwischen Natendorf-Golste bei Ebstorf sogar „zwar in kleinem Maßstab, aber modellartig schön" Grundmoränenlandschaft, Endmoränenbogen, Sandur und anschließendes Schmelzwassertal aufweist.

Wolff hingegen (74, siehe Karte) bleibt dabei, daß jugendliche Formen nur nördlich der Linie Ahrensburg-Trittau-Zarrentin auftreten, daß alles, was weiter südlich und westlich ist, vom letzten Inlandeisvorstoß nicht berührt wurde. Für ihn hat die jüngste Vereisung die Elbe nirgends überschritten, und es gehört selbst die Endmoräne von Geesthacht-Lauenburg zu einem älteren Eisvorstoß.

Es sind somit Unterschiede in den Oberflächenformen im Ostseegebiete einerseits, im westlichen Holstein und der Lüneburger Heide andererseits zwar erkannt, aber bisher nicht näher untersucht und nur mit gleichsam abstrakten Begriffen gekennzeichnet. Da auch andere Kriterien häufig versagen, ist es kein Wunder, daß ein und dasselbe Gebiet von dem einen als Jungdiluvial, von dem anderen für älter angesehen wurde.

C. Gang der Untersuchung.

Derartig verschiedene Oberflächenformen verdienen vom geologischen Standpunkt aus näher untersucht zu werden, zumal es sogar möglich erscheint, dadurch die Frage nach der äußersten Grenze des jüngsten Eisvorstoßes in jenem Gebiet zu lösen und zwar auf folgende Art:

1. Es ist zu untersuchen, ob sich die bisher nicht im einzelnen bekannten Unterschiede zwischen jugendlichen und greisenhaften Oberflächenformen irgendwie exakt erfassen oder messen lassen.
2. Ist, falls 1 gelingt, die Verbreitung der verschiedenen Typen von Oberflächenformen kartographisch festzulegen.
3. Wäre die auf die eben angegebene Art möglicherweise gefundene Grenze der Verbreitung gewisser Oberflächenformen zu deuten; insbesondere zu prüfen, ob sie sich in Beziehung setzen lassen zur äußersten Grenze des jüngsten Eisvorstoßes.

D. Die morphologische Grenze.

I. Grundbemerkungen.

Bei den nachstehenden Untersuchungen handelt es sich darum, Unterschiede in den Oberflächenformen der einzelnen Gebiete möglichst genau zu erfassen. Die heute an der Erdoberfläche vorhandenen diluvialen Gesteine verdanken ihre Oberflächenform

1. dem Inlandeise und seinen Schmelzwässern, die jene Gebiete entstehen ließen — Akkumulation;
2. der Einwirkung von Wasser, Wind und Temperatur in der Zeit seit dem Verschwinden des Inlandeises in dem betreffenden Gebiet — Nivellierung.

Der Anteil der Lebewesen an der Oberflächengestaltung ist in ganz Norddeutschland annähernd der gleiche und außerdem als solcher zumeist zu erkennen; er kann für die folgende Untersuchung unberücksichtigt bleiben. Die unter 1 und 2 genannten Oberflächenformer folgen zeitlich aufeinander, so daß 2 die durch 1 geschaffenen Formen abändert. Somit beruhen die auf Seite 168/169 erwähnten, bisher mit greisenhaft oder jugendlich bezeichneten Unterschiede in den Oberflächenformen anscheinend nur auf der je nach dem Verschwinden des Eises längeren oder kürzeren Einwirkung der nivellierenden Kräfte. Eine Wiederkehr des Inlandeises in Gebiete, in denen durch 1 und 2 entstandene Oberflächenformen vorhanden waren, hat i. a. vollkommene Zerstörung der vorhandenen Formen mit sich gebracht. Jedoch ist Stoller der Meinung, daß in der Lüneburger Heide durch einen älteren Zyklus 1 und 2 entstandene Oberflächenformen durch einen jüngeren Zyklus 1 und 2 „hindurchschimmern“. Wie weit diese Anschauung zurecht besteht, werden wir später sehen. Die vom Inlandeis geschaffenen Oberflächenformen im norddeutschen Flachland stimmen im Großen mit dem von Penck gegebenen Schema Sandur-Endmoräne-Grundmoränengebiet überein. Die durch Einwirkung von Wasser, Wind und Temperatur verursachten Veränderungen der Gebiete werden wir bei Betrachtung der einzelnen Landschaftstypen kennen lernen. Bevor wir damit beginnen, seien jedoch folgende, allgemeine Bemerkungen vorausgeschickt.

Die Meßtischblätter liefern neben der Begehung des Geländes eine der Hauptgrundlagen für diese Untersuchungen. Die Höhenverhältnisse des Geländes sind aber, zumal bei stärker bewegtem Gebiet, auf dem Meßtischblatt nicht zu übersehen. Reliefkarten sind kostspielig und bilden keine so brauchbare Unterlage wie Meßtischblätter mit farbig angelegten Höhenstufen. Farbige Höhenschichtenkarten, wie sie von Peltz für Mecklenburg und von Olbricht für die Lüneburger Heide hergestellt sind, reichen wegen ihres großen Maßstabes für diese Untersuchung nicht aus, da ihnen die topographischen Einzelheiten fehlen. Es bleibt also als beste Grundlage das Meßtischblatt, in dem, um es übersichtlich zu gestalten, die einzelnen Höhenstufen farbig angelegt sind. Ich habe für diese Untersuchung zahlreiche Blätter mit Ölkreide farbig angelegt, indem ich Höhenstufen von je 20 m gleiche Farbe gab. Stufen von 10 m Unterschied habe ich nur vereinzelt angewandt, da i. a. 20 m Stufen ausreichten. Für Anschauungszwecke ist volle Färbung der einzelnen Stufenflächen erforderlich; zur Orientierung reicht es häufig aus, wenn die 20 m Kurven mit breiten Bändern der entsprechenden Farbe versehen werden. Durch Farbgebung plastisch wirkende Meßtischblätter geben einen überraschend klaren Einblick in den Aufbau des Geländes. Die meisten der später erwähnten Trockentäler, abflußlosen Rinnen, Bachschwinden, Talanzapfungen, Gefällsumkehrungen usw. habe ich auf dem farbigen Meßtischblatt aufgefunden und darauf gegebenenfalls in der Natur kontrollieren können. Nur Terrassen lassen sich aus den Meßtischblättern schwer oder kaum ableiten. Daß Irrtümer in den Karten bei dieser Untersuchung zu Trugschlüssen verleiten, habe ich nicht bemerkt. Wie sehr sich aber die topographische Karte infolge Neuaufnahme verändern kann, zeigt Blatt Itzehoe, auf dessen späterer Ausgabe das Gebiet des Lockstedter Lagers auch im Verlauf der Höhenkurven bedeutend abweicht von der ursprünglichen Aufnahme aus dem Jahre 1878.

Da es sich bei den nachstehenden Untersuchungen zumeist um Entwässerungsvorgänge handelt, sei über den Untergrund in den fraglichen Gebieten auf folgendes hingewiesen. Ausschließlich Sand und Ton und deren Gemisch bauen die glazialen Gesteine auf, mit denen wir es hier zu tun haben. Sand und Kies sind stark wasserdurchlässig, Ton, der als Bestandteil des Geschiebemergels weithin verbreitet auftritt, ist wasserundurchlässig. In Sandgebieten wird ein $\pm$ wesentlicher Teil des Niederschlags in den Boden versickern; in manchen Gegenden wird sogar der gesamte, nicht verdunstende Teil der Niederschläge vom Boden aufgenommen, so daß nur vertikale Entwässerung stattfindet. Beispiele: ein über 250 qkm großes Gebiet südlich der Elbe bei Harburg, siehe Figur 1, und das ganze MBl. Stakelitz.

Den Gegensatz zu den eben geschilderten Gebieten bilden die Gegenden, in denen wasserundurchlässiger Geschiebemergel weithin ansteht. Hier wird nur ein geringer Prozentsatz des jährlichen Nieder-

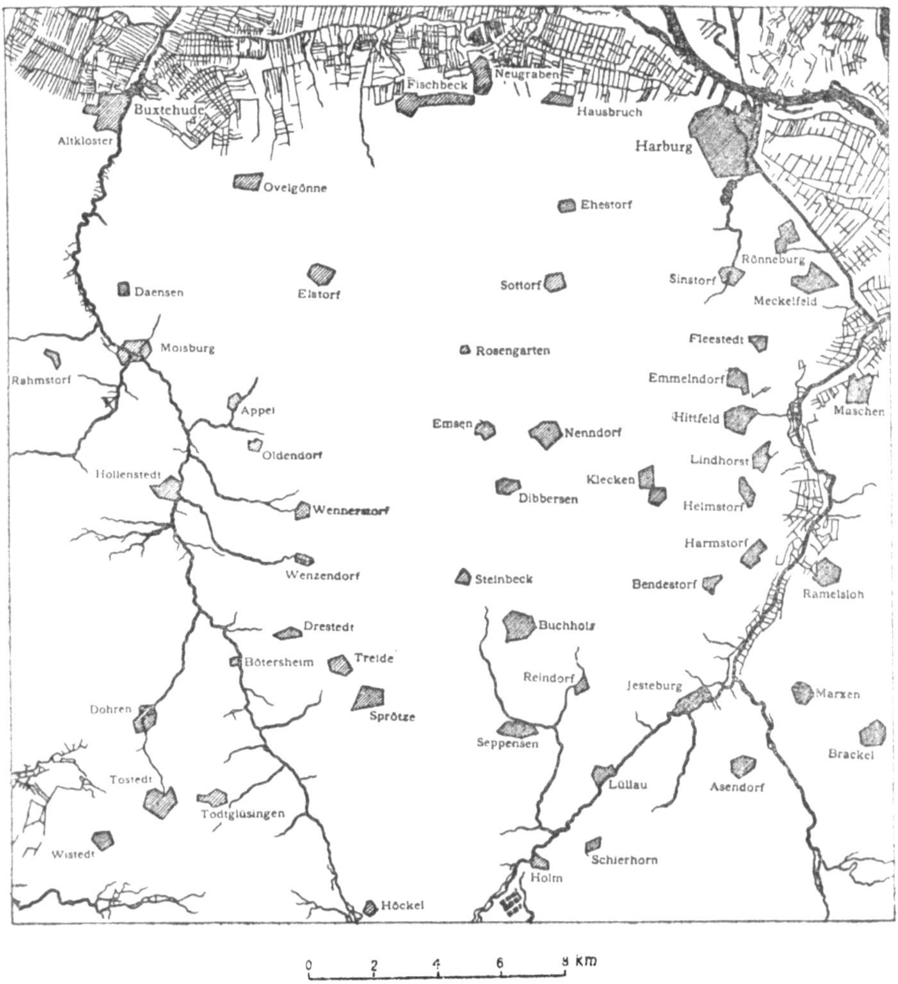

Fig. 1. Karte des Flußnetzes im Südwesten von Harburg.
Zwischen Este und Seeve im Gebiet der Harburger Berge und der Lohberge ist der Boden bis tief hinein so hochgradig wasserdurchlässig, daß aus einem Bereich von über 250 qkm Größe heute kein Tropfen Wassers oberflächlich abfließt.

schlages von dem oberen, verlehmten Teil des Bodens aufgenommen und der weitaus größere Teil fließt oberflächlich ab — Tangentialentwässerung. Daher ist in diesem Gebiet in jedem noch so flachen

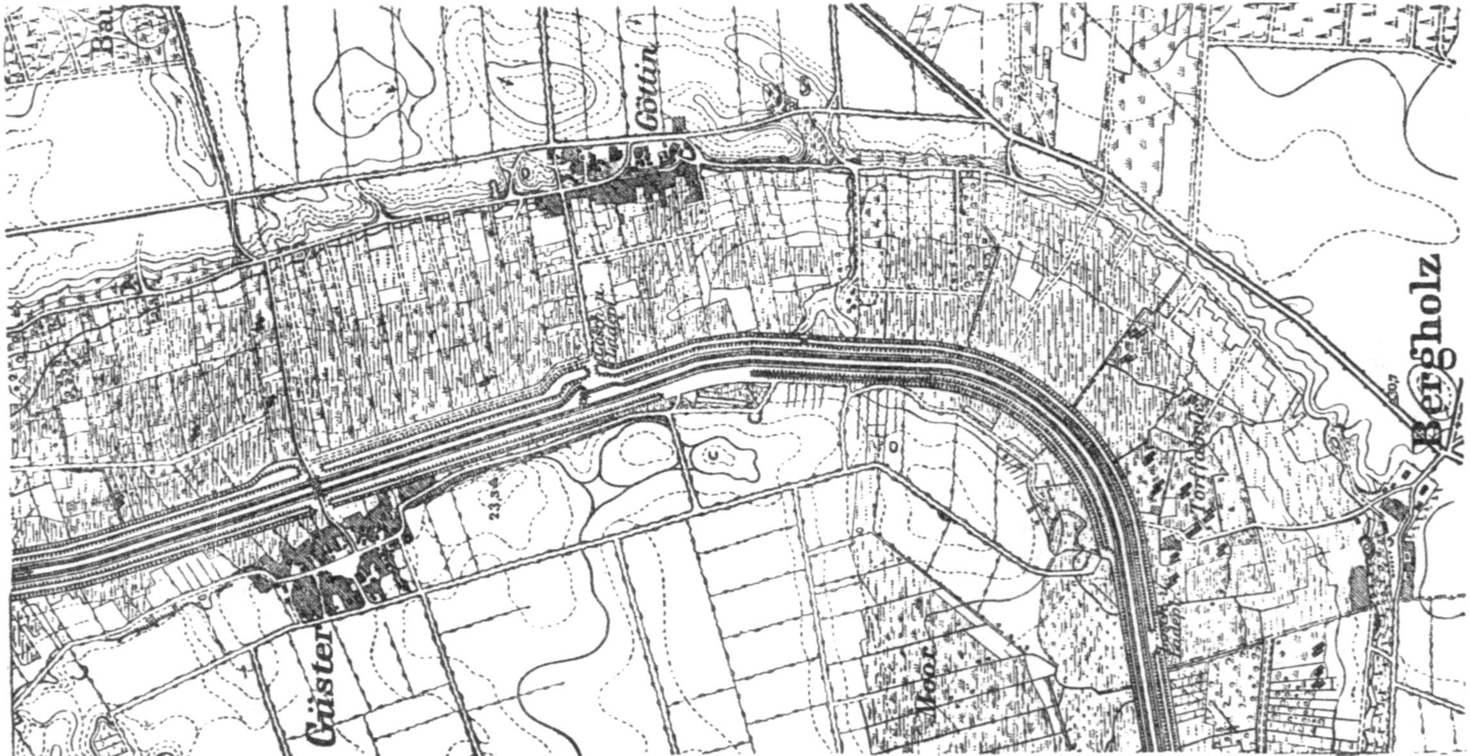

Fig. 2. Schmelzwassertal im Sandr-Gebiet südlich von Mölln.
Da in den hochgradig wasserdurchlässigen Sanden das Niederschlagswasser restlos versickert, sind selbst an dem bis 20 m hohen, steilen Ostrand des Schmelzwasser-Tals keine Erosionsrinnen entstanden. Maßstab 1:25000.

Tälchen ein Wasserlauf vorhanden. Die Wirkung des rinnenden Wassers zeigt sich in der stärkeren Talbildung vor allem an Steilhängen. Figur 2 zeigt den Durchbruch des Schmelzwassertales durch den Sandur südlich von Mölln. Da in dem durchlässigen Sandgebiet alles Wasser versickert, fehlt jeglicher Ansatz zur Bachbildung; Oberflächenerosion durch fließendes Wasser ist nicht vorhanden. Selbst die bis 20 m hohe Steilkante bleibt unzerstückelt erhalten. Fig. 3 zeigt einen Ausschnitt aus der Gegend nordöstlich von Oldesloe, wo die Trave den die Lübecker Mulde umfassenden Geschiebemergel-

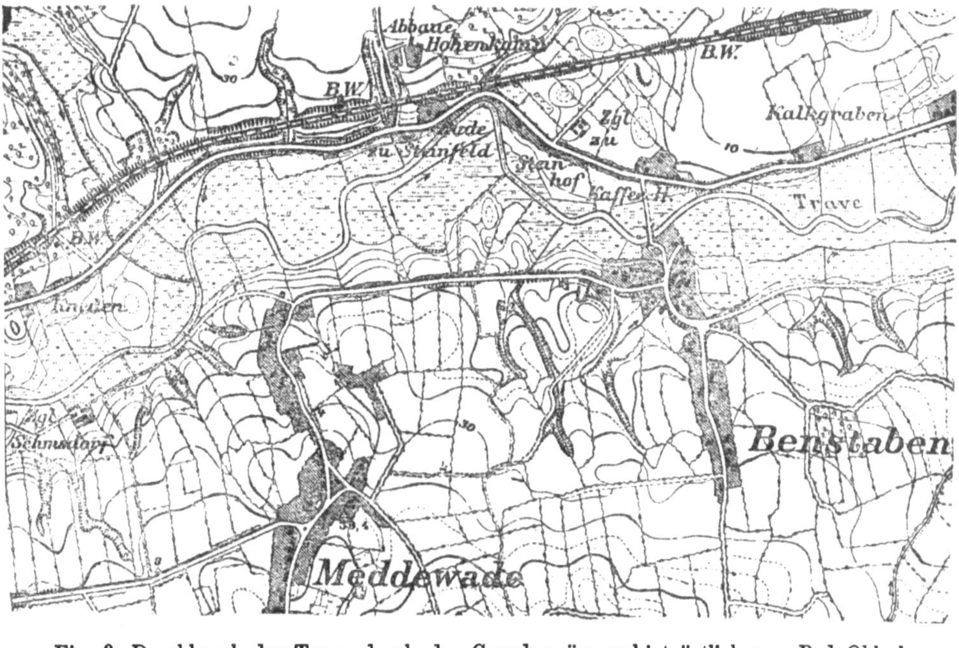

Fig. 3. Durchbruch der Trave durch das Grundmoränengebiet östlich von Bad Oldesloe. Das auf der tonigen, also wasserundurchlässigen Grundmoräne abfließende Wasser hat zahlreiche Erosionsrinnen geschaffen. Maßtab 1:25 000.

wall durchbricht. Hier muß alles Wasser oberflächlich abfließen; hier wird der Steilhang durch zahlreiche Rinnen und Schluchten zernagt.

II. Die einzelnen Landschaftstypen.

Oben S. 171 ist ausgeführt, daß die Unterschiede in den Oberflächentypen auf $\pm$ weitgehender Nivellierung beruhen. Da die Abtragung in den höchstgelegenen Gebieten die deutlichsten Spuren hinterläßt, sollen nachfolgend diluviale Hochgebiete, also zumeist

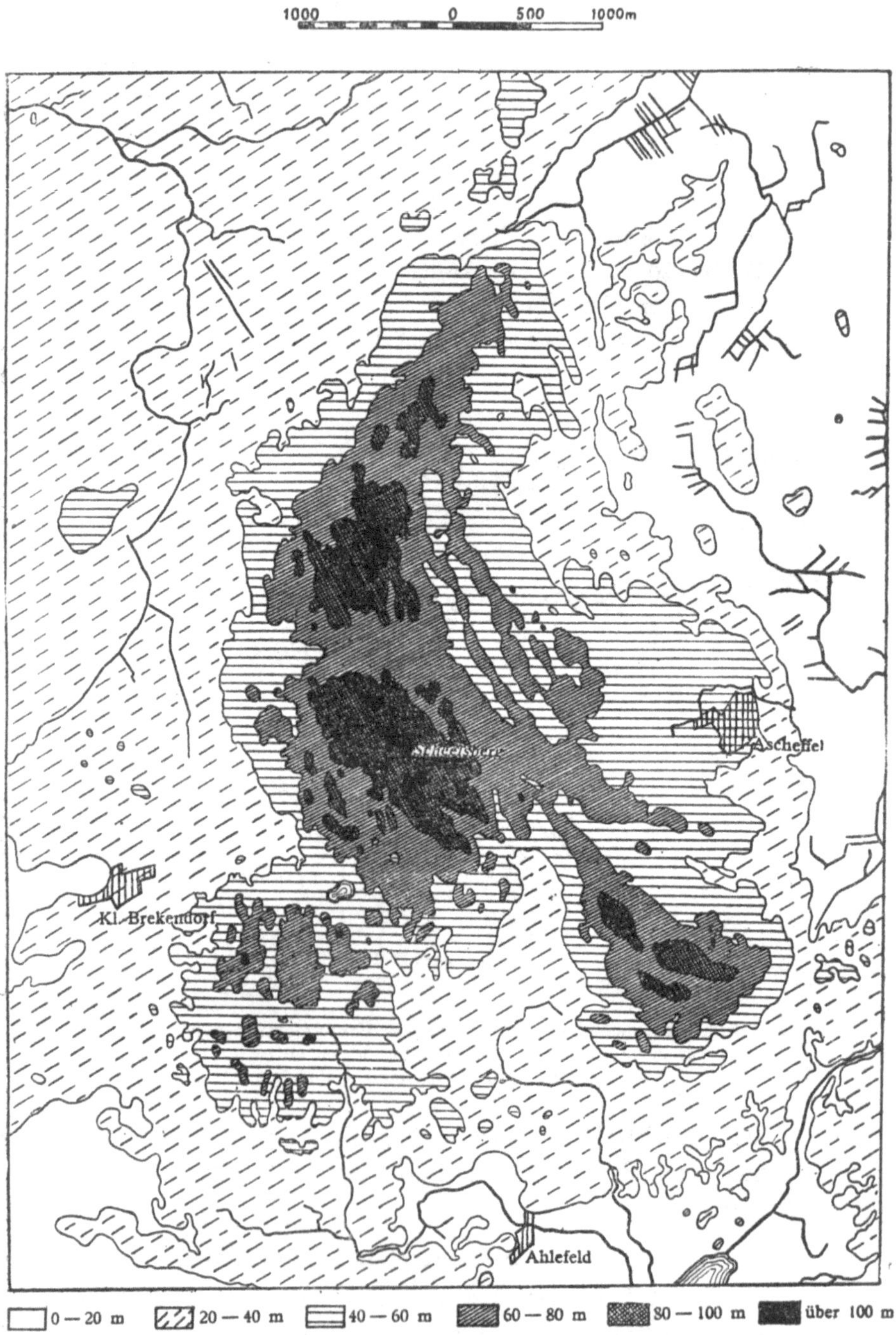

Fig. 4. Höhenschichtenkarte der Hüttener Berge.

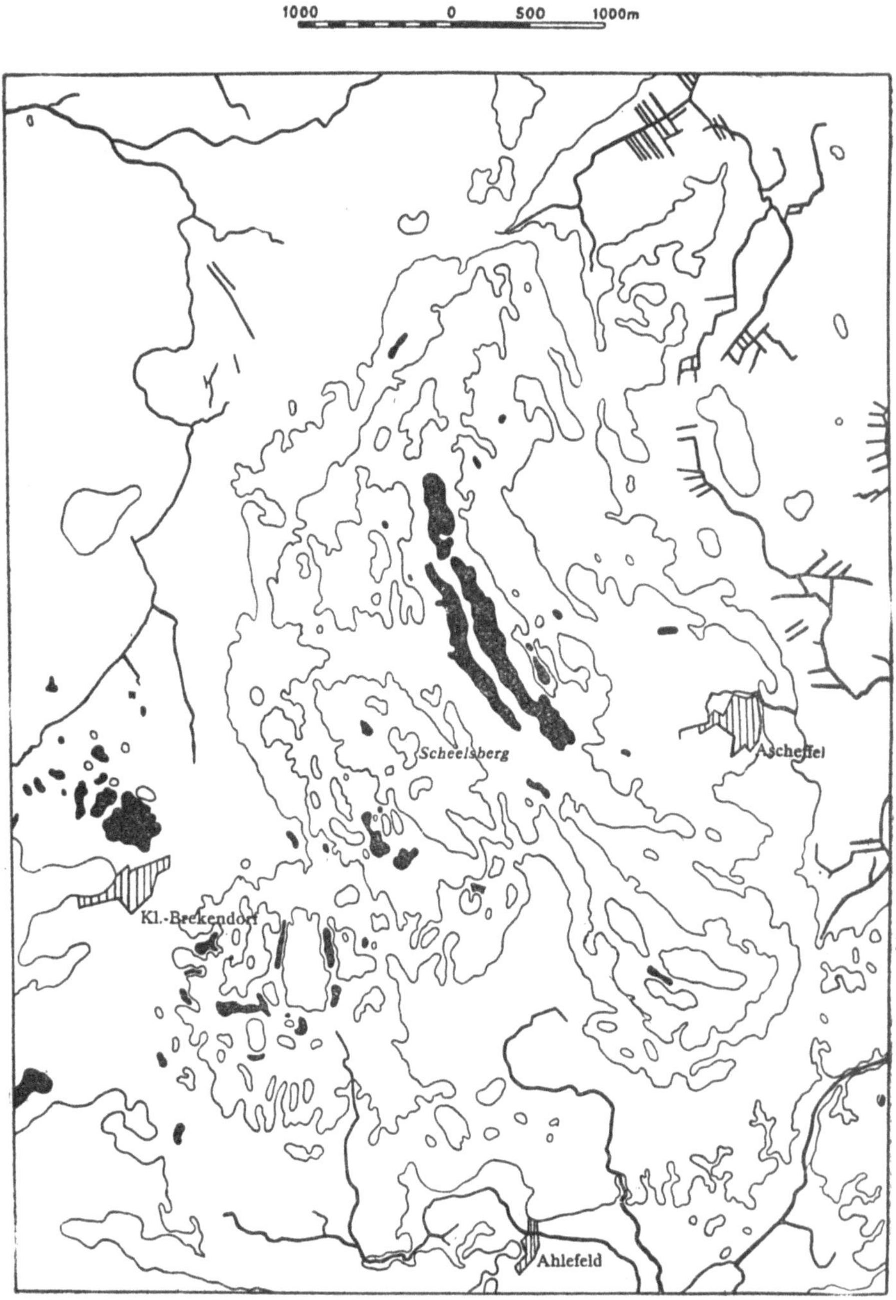

Fig. 5. ▬ = Trockne, abflußlose Wannen im Gebiet der Hüttener Berge.

Endmoränen, der verschiedenen Gegenden miteinander verglichen werden und zwar

ein Sandgebiet in unbestritten jungglazialer Gegend: die Hüttener Berge;

ein Lehmgebiet in unbestritten jungglazialer Gegend: das Gebiet um Disnack westl. des Ratzeburger Sees;

ein Sandgebiet in weiter vorgeschobener Gegend: die Harburger Berge;

ein Lehmgebiet in weiter vorgeschobener Gegend: der Kisdorfer Wohld.

IIa. Beschreibung verschiedener Landschaftstypen.

1. Die Hüttener Berge. Mbl. 301 Kropp und 302 Hütten.

Die Hüttener Berge (Fig. 4) umfassen ein 6 km langes und bis 4 km breites Gebiet, das Vor- und Hinterland um rund 80 m überragt, bogenförmig verläuft und aus einem größeren Wall (Scheelsberg, Höhe 103, Höhe 84) besteht, dem an der Außen- wie Innenseite zahlreiche Rücken angelagert sind; z. B. liegen westlich des Scheelsbergs 3 und östlich von ihm 7 ± lange wallartige Rücken. Von Haas (19), Gottsche (17)[1]) und Struck ist dies Gebiet als Randmoräne des Inlandeises gedeutet. Ein Blick auf das kolorierte MBl. läßt den Aufbau des Gebietes aus zahlreichen, dicht aneinander gedrängten Wellen erkennen. Über den geologischen Aufbau ist wenig bekannt. Nur Haas gibt an, daß Geschiebemergel, Sand und Kiespackungen vorkommen. Jedoch dürfte aus der Tatsache, daß Seen und Bäche dem Innern des Gebietes ganz fehlen, auf vorwiegend wasserdurchlässige, also sandige Böden zu schließen sein. Rings geschlossene, abflußlose Wannen finden sich häufig, darunter nnö. vom Scheelsberg eine von 1½ km Länge bei nur 200 m Breite (Fig. 5). Diese abflußlosen Wannen und die zahlreich vorhandenen kleinen, abflußlosen Löcher (an Zahl über 25 oberhalb der 40 m-Linie) liegen trocken mit einer Ausnahme, dem Rammsee. Dieser ist in 70—75 m Höhe auf dem Paß zwischen Scheelsberg und dem Gebiet des Immenberges gelegen. Wahrscheinlich ist es Tonboden, der das Wasser in ihm zurückhält, denn es dürfte sich kaum um einen Austritt des Grundwassers handeln. Bäche fehlen dem ganzen, höher als 40 m gelegenen Gebiet mit Ausnahme eines ganz im Süden, am Südabhang des Immenberggebietes in etwa 50 m und eines bei Ascheffel in 45 m Höhe entspringenden Baches.

---

[1]) Von Gottsche allerdings nur das westliche Vorland des Hochgebietes, desgl. auch von Berendt.

Erst unterhalb der 40 m-Linie treten rings um das Hochgebiet der Hüttener Berge Bäche auf. Besondere als Schmelzwasserrinnen zu deutende Täler fehlen. Es zeigen vielmehr die abflußlosen Wannen und Löcher, die z. T. am Grunde von Tälern liegen an, daß auch zu niederschlagsreicheren Zeiten als heute keine nennenswerte Erosion durch fließendes Wasser in jenen Talungen stattgefunden hat. Mit kurzen Worten läßt sich die Oberflächengestaltung der Hüttener Berge etwa ausdrücken: Ein Hochgebiet aus aneinander gedrängten Rücken, das zahlreiche, abflußlose Wannen von z. T. erheblichem Ausmaß trägt und infolge der Vertikalentwässerung keine Wasserrinnen aufweist, oder noch kürzer ausgedrückt: Ein vertikal entwässerndes Gebiet, das fast ausschließlich Akkumulationsformen aufweist.

2. Der Geschiebemergelwall um Disnack.
Mbl. 841 Ratzeburg.

Betrachten wir andererseits den gewaltigen Geschiebemergelwall (Staumoräne), der die Lübecker Mulde umgibt, etwa das Stück, das die westliche Hälfte des Blattes Ratzeburg einnimmt (Fig. 6). Von Tüschenbeck im N verläuft in SW-Richtung ein gerader, viele km langer Höhenzug, der sich allmählich von 15 bis 70 m Höhe heraushebt. Diesem bis 2 km breiten, flachen Rücken sind gegen NW 2 weitere, ähnliche Geschiebemergelwälle angelagert, die aber weniger breit und von geringerer Höhe sind und weniger weit gegen N reichen. Die 3 Rücken werden durch flache Talungen getrennt, die zumeist kein zusammenhängendes Gefälle aufweisen. Die Oberflächengestalt des Gebietes ist unruhig kuppig. Zwischen den einzelnen Kuppen liegen abflußlose Wannen in größerer Anzahl und zwar in den tiefer gelegenen Gebieten, z. B. südlich des Marien-Berges, westlich von Klein-Sarau, wie auch auf den höchsten Kuppen z. B. nördlich des Hohe Buchberges.

Sölle finden sich in dem ganzen Gebiet von den höchsten bis zu den tiefstgelegenen Teilen, sind jedoch, wenigstens nach der Karte, nicht in den bewaldeten Gebieten vorhanden.

Die Entwässerung geschieht durch zahlreiche, randlich abfließende Bäche und z. T. durch Wasserläufe, die in den flachen, moorerfüllten Mulden zwischen den Höhenrücken endigen. Der südliche Teil der großen, oben erwähnten Senke zwischen den 2 Höhenzügen ist abflußlos; das aus dem Forst Bartelsbusch hineingelangende Wasser wird von den Mooren aufgenommen. Eine kurze Charakteristik der Oberflächenformen des Gebietes lautet: Ein aus flachen

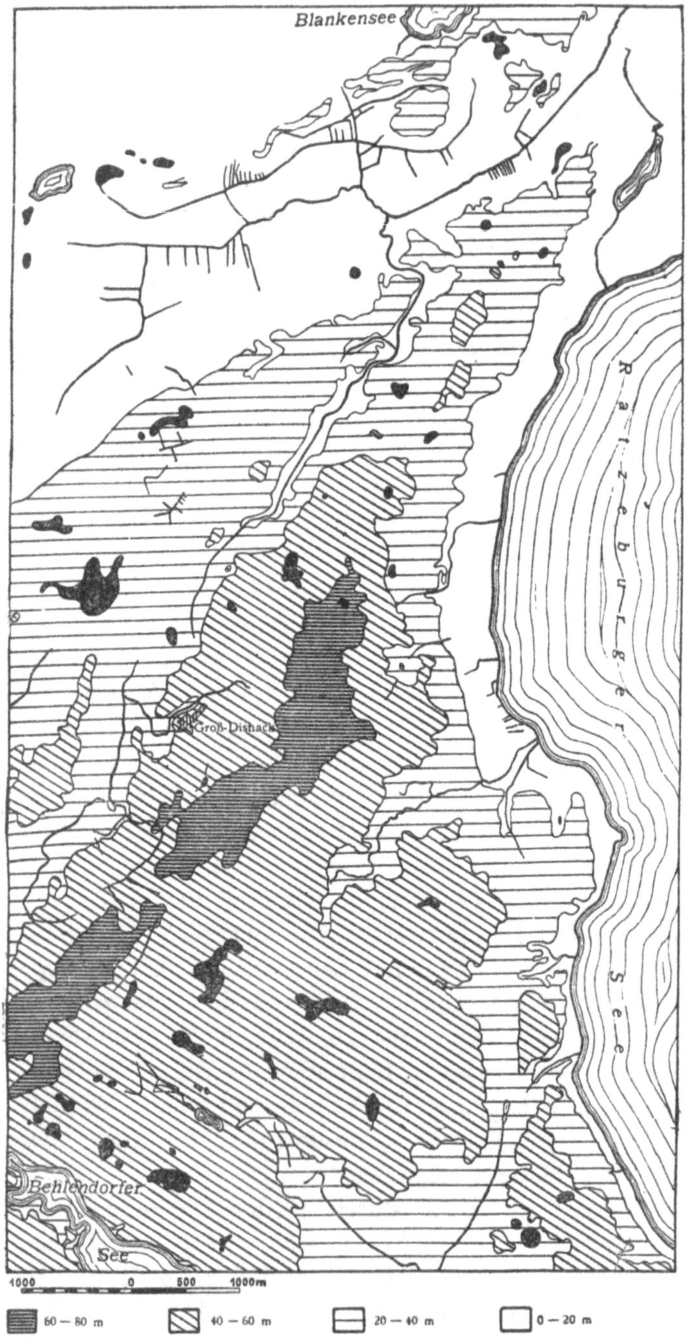

Fig. 6. Höhenschichtenkarte der Staumoräne aus Geschiebemergel im SO der Lübecker Mulde.
■ = Trockne, abflußlose Hohlformen.

Geschiebemergelwällen aufgebautes Hochgebiet mit zahlreichen Kuppen und abflußlosen Kesseln und Wannen, die z. T. in ± unterbrochenen Zügen angeordnet sind; oder, um noch kürzer zu sein: ein Gebiet, in dem trotz der tangentialen Entwässerung Akkumulationsformen weitaus überwiegen.

3. Die Harburger Berge.

Zur weiteren Betrachtung sei das Gebiet der MBl. 1121 Harburg, 1212 Hittfeld und 1297 Holm gewählt. Südlich der Elbe ragt hier ein diluviales Hochgebiet von über MBl.-Breite auf. Es erreicht bis 155 m Höhe und überragt das ebene, westliche Vorland bis zu 100 m. Durch ± tiefe Talungen getrennt, lassen sich darin 3 gesonderte Hochgebiete unterscheiden: 1. die Schwarzen Berge mit der nördlichen Hälfte von MBl. Hittfeld. 2. die Lohberge südlich der Hamburg-Bremer Bahn. 3. der Garlstorfer Forst. Alle 3 Hochgebiete greifen auf die benachbarten MBl. über.

Aus den Erläuterungen zu den in geologischer Kartierung vorliegenden Bl. Harburg und Hittfeld (Lfrg. 155) ergibt sich, daß das Gebiet vorwiegend aus Sanden besteht, denen nur örtlich eine geringmächtige, stark zerstückelte Geschiebelehmdecke aufgelagert ist. Erläuterung Bl. Harburg S. 10 gibt für eine Bohrung von Westerhof bei Tötensen an

0 — 5 m	Schleppsand (= Löß) und darunter Geschiebemergel	Diluvium
5 — 23,5 m	Sand und Kies	
23,5 — 25 m	Kiesbank	
25 — 42 m	Sand und Kies	
42 — 74 m	Glimmersand mit Braunkohlenspuren	? Scholle von Miozän.
74 — 85,5 m	tonige Glimmersande	

Wasserstand in der Bohrung bei 60 m Tiefe.

Ein auf Seite 10 der Erläuterung zu Bl. Hittfeld wiedergegebenes Profil einer Bohrung in Buchholz zeigt unter 1,2 m Geschiebelehm bis 56 m Tiefe verschiedenartige Sande diluvialen Alters und ergab einen Wasserstand in Höhe des benachbarten Steinbecktales. Also auch hier sind bis in große Tiefen hinein stark wasserdurchlässige Sande vorhanden.

Die Bohrungen für die Harburger Wasserwerke bei Neugraben nahe dem Falkenberg, die am Grunde eines Trockentales angesetzt sind, ergaben nach freundlicher Mitteilung von Herrn Dr. Koch, dem

Verwalter des Bonrarchivs des Mineralogisch-Geologischen Staatsinstituts zu Hamburg:

0 —14,5 m Sand,
14,5—17,7 m Kies,
17,7—29,0 m Geschiebemergel.

In der 12,5 m über NN angesetzten Bohrung wurde Wasser 5,2 m unter Erdoberfläche angetroffen. Also auch hier reichen stark wasserdurchlässige Gesteine bis unter den Meeresspiegel hin unter.

In der Oberflächengestaltung fällt sofort eine große Unruhe der Formen auf, eine Unruhe, die aber nicht durch eine Häufung wirr aufgeschütteter Kuppen entsteht, sondern durch eine geradezu ungeheuerliche Zertalung des ganzen Gebietes (Fig. 7). Am Rande der Schwarzen Berge gegen das Elbtal, ganz ähnlich am Westrand des Seevetales (Bl. Hittfeld) und kaum geringer am Westrand des Auetales auf Bl. Holm kommen Tälchen neben Tälchen von der Höhe herunter. Greifen wir zur näheren Charakteristik den Seevetalrand heraus. Der Hang weist auf 1—2 km Breite ein Gefälle von 60—65 m auf. Er ist dicht an dicht von Seitentälchen und Schluchten zernagt, selbst die zwischen den einzelnen Seitentälern stehen gebliebenen, schmalen Grate sind ihrerseits mit zahlreichen Erosionsrinnen bedeckt, und zwar derartig dicht, daß die Höhenkurven einzelner Rücken gleichsam den Umriß eines Tannenzweiges wiedergeben. Die Schluchten, die sämtlich vollkommen trocken liegen, beginnen fast stets mit verhältnismäßig steilem Gefälle. Geht man in den am weitesten eingeschnittenen Tälchen aufwärts, so gelangt man auf Hochflächen von überraschend ruhiger, z. T. fast ebener Geländegestaltung, z. B. zwischen Vahrendorf und Sottorf (MBl. Harburg), in dem 5 km langen Gebiet Westerhof—(Bl. Harburg)—Iddensen—Eckel (Bl. Hittfeld). In gleicher Höhe, nämlich zwischen 80 und 90 m, liegt das 5 km lange und bis 1½ km breite Gebiet zwischen Klecken und Itzenbüttel und das auffallend flache Hochgebiet südöstlich von Meilsen (Bl. Hittfeld). Auf Blatt Holm finden wir eine ähnliche Hochfläche im Garlstorfer Forst und weiter südlich in 100 bis 120 m Höhe. Ihr nördlicher „Auf dem Töps“ genannter Teil wirkt, da nur von Heide bewachsen, besonders eben.

Zwischen den eben geschilderten Hochflächen mit ihren z. T. durch zahlreiche Täler und Schluchten gewissermaßen zerfransten Rändern liegen weite Talungen, die sich auf Bl. Harburg und Hittfeld bis zu den höchsten Höhen hinauf verfolgen lassen.

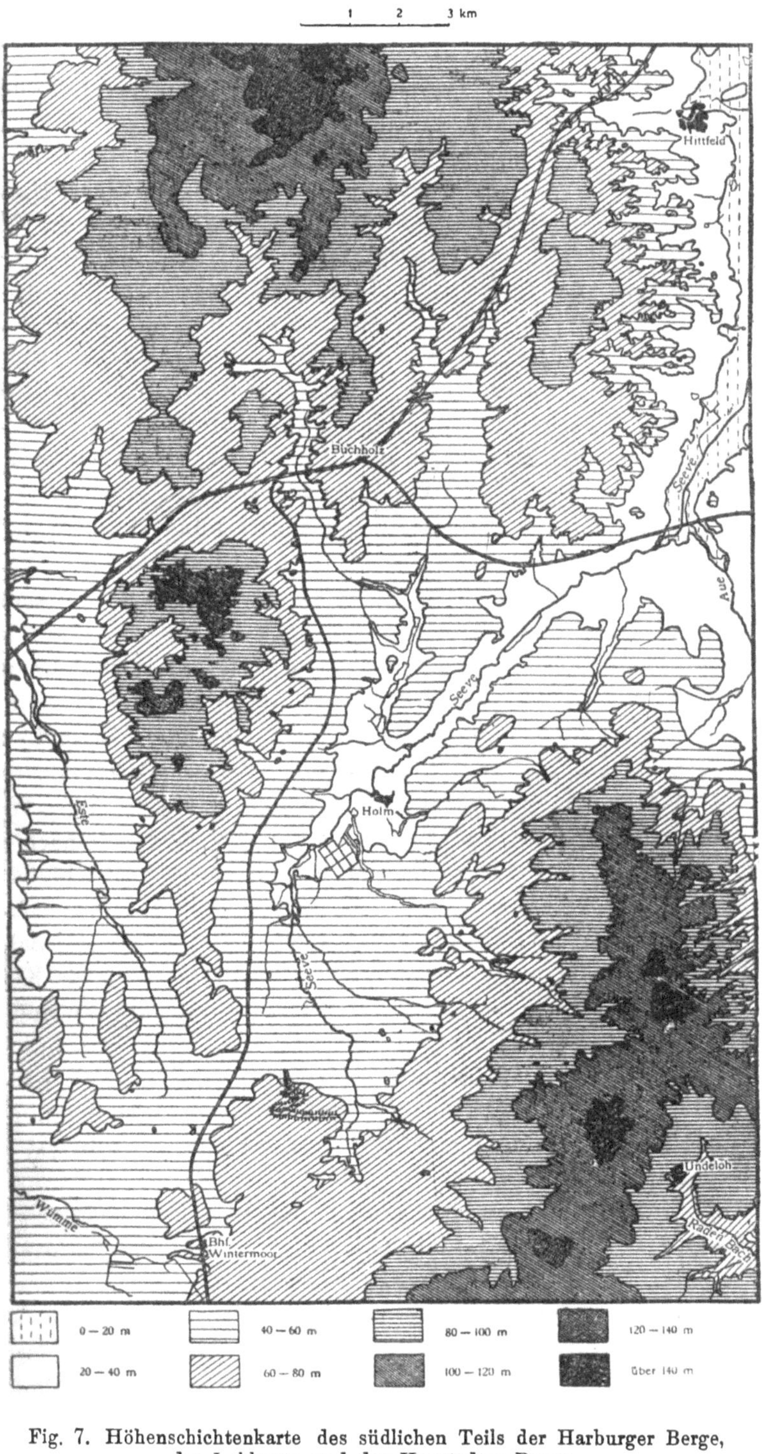

Fig. 7. Höhenschichtenkarte des südlichen Teils der Harburger Berge, der Lohberge und der Hanstedter Berge.
N-S verlaufender Endmoränenwall mit im W vorgelagertem Sandr. Trockentäler, Zertalung der Steilränder. Wallberg nordöstlich von Wintermoor.

Im Süden von Bl. Harburg zieht sich aus dem Sieverser Sunder nördlich vom Forsthaus Rosengarten, südlich von Sottorf, nördlich von Tötensen vorbei bis Woxdorf hin ein Tal, das hier in nördlicher Richtung abbiegt und als Mühlbachtal über Sinstorf nach Harburg verläuft. Auf 7 km Länge weist dies Tal, das bei Metzendorf 2,5 km Breite erreicht, kein noch so geringes, fließendes Wässerchen auf. An seinem Grunde hat die geologische Kartierung groben Kies nachgewiesen, wie er nur bei Auswaschung des Geländes durch stark fließendes Wasser entstehen kann. Ähnliche Täler beobachten wir auf Bl. Hittfeld (Fig. 7). Ganz im Nordwesten beginnt im Stuvenwald ein Tal, das in südlicher Richtung zunächst sich auf Bl. Hollenstedt hinüber erstreckt, westlich von Dangersen auf Bl. Hittfeld zurückkehrt und nun über Steinbeck, westlich an Buchholz vorbei und über Seppensen nach Süden zieht und bei Thelstorf in die Seeve mündet. In diesem Steinbecker Trockental beginnt erst nach 7 km und zwar im Gebiet westlich von Buchholz ein ständig talab fließendes Wässerchen. Zwar tritt schon oberhalb bei der Ortschaft Steinbeck auf kurze Strecke ein Rinnsal auf, dies versickert aber sö. der Ortschaft, nachdem sich mit ihm noch ein von Westen kommendes Bächlein vereinigt hat. Ein ähnliches Tal zieht sich in der Mitte des Blattes vom Langenberg nordwestlich Nenndorf bis nahe an den Südrand des Blattes, wo es sich mit dem vorhin erwähnten Tal vereinigt. Fließendes Wasser tritt in diesem Nenndorfer Tal erst östlich von Buchholz nach 8 km langem Laufe auf. An seinem Grunde finden sich gleichfalls ausgewaschene Kiese. Unterhalb von Eickstüve vereinigt sich mit dem Nenndorfer Trockental ein weiteres aus NNO, vom Bahnhof Klecken herabkommendes Tal. Dies ist beim Dorfe Klein-Klecken etwa 1 km breit und 12—15 m tief. Es ist breit und eben und wird von der Harburg-Bremer Eisenbahn benutzt, die es in einem tiefen Einschnitt durchzieht. Der Beginn dieses Trockentales ist nicht erhalten, sondern durch den vom Seevetal rückschreitenden Kranz von Tälchen abgeschnitten, und zwar ist es das von Hittfeld gegen Eddelsen aufsteigende Tal.

Die hydrographischen Verhältnisse des Gebietes sind bei der großen Wasserdurchlässigkeit höchst einfach (siehe Fig. 1 S. 173). Das ganze Gebiet mit seinen breiten Talungen und zahllosen Schluchten ist oberhalb der 60 m-Linie ohne jeden Bach. Erst unterhalb jener Linie tritt an den Talrändern das Grundwasser in Quellen aus. Da jedoch am Nordrand des Blattes Harburg außer zu Neugraben bei 10 m und zu Fischbeck bei 17 m Höhe kein fließendes Wasser vorhanden ist, erkennen wir, daß große Teile des im Untergrunde des Gebietes versickernden Wassers unterirdisch ins Elbtal abfließen. Auch das bei Hausbruch gelegene Wasserwerk der Stadt Harburg gewinnt einen Teil aus diesem Horizont.

Sölle sind mir aus dem ganzen Gebiet nicht bekannt. Abflußlose Wannen fehlen mit Ausnahme gewisser, beschränkter Gebiete, z. B. auf Bl. Hittfeld auf dem von der Bahn benutzten Paß zwischen Sprötze und Buchholz, auf Blatt Holm im SW auf dem auch wieder von der Bahn benutzten Paß zwischen Stucks-Berg und dem Langenberge genannten, prächtigen Wallberg. Bei abflußlosen Löchern im Teufelsmoor südlich der Fischteiche von Holm kann es sich um Moorschlenken handeln. Ein echtes, abflußloses Loch ist dann noch zwischen Mestingsfeld und den Holmer Fischteichen vorhanden. Damit sind alle auf den 3 MBl. verzeichneten, abflußlosen Löcher angegeben! Ähnlich wie in den 2 erstgenannten Fällen finden sich auch sonst in der Lüneburger Heide und anderen Gebieten örtlich gehäuft flache, abflußlose Wannen z. B.

1. Blatt Behringen in dem Gebiet sö. des Wilseder Berges zwischen Wümme und Brunau.
2. Blatt Bienenbüttel auf der Wasserscheide zwischen Eitzenbach und Barnstedter Bach.
3. Auf der Grenze von Bl. Lüderitz und Lindstedt bei Vinzelberg.
4. In der SO-Ecke von Bl. Hohenwestedt (Ausgabe von 1909).

In allen vorgenannten Fällen handelt es sich um Gebiete, die Wasserscheiden zwischen 2 Flußsystemen bilden.

Zum Schluß sei erwähnt, daß sich auf den 3 Blättern, wenn auch nicht häufig, Reste von Akkumulationsformen finden. So sind auf Bl. Harburg endmoränenartige Züge zwischen Ehestorf, Alvesen und Vahrendorf, ferner westlich des Ortes Sieversen in einem Nord-Süd verlaufenden Streifen erhalten. Ebenso lassen die nördlichen Teile der Lohberge endmoränenartige Kuppen erkennen. Andere Akkumulationsformen sind mir auf den 3 Blättern nicht aufgefallen.

Eine kurz gefaßte Charakteristik der Oberflächenformen des Gebietes hat demnach zu lauten: die MBl. Harburg, Hittfeld und Holm umfassen ein diluviales Hochgebiet, in dem Kuppen, abflußlose Wannen und Sölle fast ganz fehlen, das aber von kilometerlangen, wasserlosen Tälern durchzogen wird und dessen steiler abfallenden Gehänge von unvermittelt beginnenden, z. Zt. gleichfalls trockenen Tälchen gleichsam gefranst sind; oder noch kürzer ausgedrückt: ein heute vertikal entwässerndes Gebiet, das zahlreiche Formen früherer Horizontal-Entwässerung aufweist.

4. Der Kisdorfer Wohld.

Als 4. Typus von Oberflächenformen kann das Gebiet des Kisdorfer Wohldes (MBl. 743 Stuvenborn und 837 Wakendorf) uns dienen (Fig. 8). Hier hebt sich aus fast ebenen, zwischen 25 und 40 m Höhe gelegenen, breiten Schmelzwasserrinnen ein Höhenzug von 10 km Länge und etwa 5 km Breite allmählich bis 90 m Höhe heraus. Der Untergrund besteht vorwiegend aus Geschiebemergel. In den Oberflächenformen fallen auf die ruhige Gesamtform der ganzen schildartigen Erhebung, die sich auf der farbigen Höhenschichtenkarte durch den in den großen Zügen parallelen Verlauf der Kurven mit 20 m Abstand widerspiegelt, und das gänzliche Fehlen von abflußlosen Wannen, von Kuppen und anderen Aufschüttungsformen. Die Oberflächengliederung besteht vielmehr ausschließlich aus einer großen Zahl von breiten, V-förmigen Tälern, die nach allen Seiten von dem höchstgelegenen Teil des Gebietes ausstrahlen. In fast allen Tälern fließen Bächlein; ihre hohe Zahl auf so engem Gebiet (22! Bäche kreuzen die 60 m Höhenlinie) ist durch den wasserundurchlässigen Untergrund bedingt. Ausgezeichnet ist das Gelände ferner durch die große Anzahl von söllähnlichen Gebilden. Diese treten auf von den höchsten Höhen herab bis an die 30 m-Linie etwa. Dabei ist zu beobachten, daß auch in den oben erwähnten, von Bächen durchzogenen Tälern solllähnliche Hohlformen vorkommen und auffallenderweise sogar in nächster Nähe der Bäche. Hieraus geht hervor, daß wenigstens ein Teil der Sölle jünger ist als die Bildung jener Täler. Anfangs habe ich diese zahlreichen Hohlformen nach dem Kartenbild für echte Sölle gehalten. Die örtliche Besichtigung ergab aber trotz der weitgehenden Übereinstimmung mit echten Söllen bei jeder besuchten Grube entweder längliche Form, oder eine deutliche als Ausfahrt zu erklärende Abschrägung an einer Stelle des Randes, oder auch scharfe, z. T. rechteckige Winkel im Umriß. Erkundigungen bei den Bewohnern ergaben, daß es sich um alte Mergelgruben handelt. Ihre auffallend große Zahl wurde durch die Mergelarmut der weiteren Umgebung des Kisdorfer Wohldes erklärt. Die Bauern des Wohldes sollen häufig Mergel an Bewohner entfernterer Ortschaften verkauft haben. Sölle kommen somit auf dem Wohld nicht vor.

Zusammenfassend kann man den Kisdorfer Wohld bezeichnen als ein diluviales Hochgebiet, in dem abflußlose Wannen und Kessel sowie Kuppen gänzlich fehlen, während an Kleingliederung nur sehr zahlreiche, flach V-förmige Täler auftreten; oder noch kürzer ausgedrückt: ein horizontal entwässerndes Hochgebiet ohne irgend einen Rest von Akkumulationsformen.

Fig. 8. Höhenschichtenkarte des Kisdorfer Wohldes. Die kleinen Kreise geben alte Mergelgruben an, die das Auftreten von Söllen vortäuschen.

IIb. Die Kennzeichen der einzelnen Landschaftstypen.

Jene 4 Oberflächentypen verteilen sich auf 2 Hauptgruppen von Oberflächenformen:

1. Akkumulationsformen.
2. Erosionsformen.

In der ersten Gruppe überwiegen in hohen und höchsten Anteilen die Formen, die das Inlandeis bei seinem Abschmelzen zurückließ. In der 2. Gruppe jedoch sind nahezu ausschließlich jene Formen vorhanden, die entstehen, wenn ein Diluvialgebiet sehr lange Zeit oder in sehr starkem Maße der Abtragung ausgesetzt blieb. Für die 1. Hauptgruppe sind bezeichnend:

1. Unruhige, regellos verteilte, an Kleinformen reiche Oberflächenformen;
2. abflußlose Wannen und Kessel, sowie heute nur oberflächlich ablaufende, wassererfüllte Hohlformen.
3. falls vorhanden, ein wirres, nicht ausgereiftes Flußnetz;
4. scheinbar das unausgeglichene Gefälle vieler Wasserläufe derart, daß diese auf kurze Strecken plötzlich stärkeres Gefälle aufweisen, z. B. die Eider bei Reesdorf, die Barnitz südlich von Oldesloe, der Abfluß der Hüttener Berge in das Haddebyer Noor.[1])

Für die 2. Hauptgruppe, die Erosionslandschaften, sind bezeichnend:

1. Ruhige, sanftgeneigte Oberflächenformen;
2. das Fehlen von abflußlosen Wannen und Kesseln (außerhalb enger Bezirke an Wasserscheiden siehe Seite 185) und damit zusammenhängend das Fehlen von Seen;
3. das Auftreten km-langer, wasserloser Täler mit ausgeglichenem Gefälle;
4. das Auftreten der sog. Rummeln; (siehe 67).
5. das Vorkommen besonderer Erosionsformen an Steilhängen;
6. das Auftreten von zumeist gradlinigen Wasserläufen;
7. das wahrscheinlich vollkommen ausgeglichene Gefälle der Wasserläufe.[1])

Sölle, die bisher in Norddeutschland als Merkmal herangezogen sind (Wunderlich), um verschieden alte Oberflächentypen zu unterscheiden, kann ich, wie später näher zu erörtern sein wird, nicht zu

---

[1]) Jedoch konnte dieser Punkt aus mangelnder Genauigkeit der Karten und wegen zu hoher Kosten des Nivellements nicht kontrolliert werden.

diesem Zwecke gebrauchen, da auf den MBl. natürliche Hohlformen dieser Art nicht von ähnlichen, künstlichen zu unterscheiden sind.

Die vorstehend aufgeführten Merkmale haben sich als hinreichend erwiesen, um fast alle diluvialen Hochgebiete NW-Deutschlands den einzelnen Typen von Oberflächenformen zuzuweisen. Nur bei Grundmoränenebenen treten Gebiete auf, denen Detailformen fehlen, so daß es mir unmöglich war zu entscheiden, ob Akkumulations- oder Erosions-Formen vorliegen, z. B. Fehmarn.

III. Die Verbreitung der einzelnen Landschaftstypen.

Für die Deutung jener verschiedenen Oberflächenformen kann uns deren Verbreitung Hinweise geben, ist doch ein allmählicher Übergang von einem Typus zum anderen ebenso möglich wie das Vorhandensein einer scharfen Grenze.

In Anlehnung an die Anschauungen, wie sie von Keilhack (27) und von Wahnschaffe-Schucht, sowie früher von Werth (71) über die Grenze der jüngsten Vereisung vertreten sind, glaubte ich auch südlich der Elbe Typen der Akkumulationsformen erwarten zu dürfen. Ein Meßtischblatt nach dem andern wurde vergebens daraufhin untersucht, in dem Gebiet zwischen Elbe und Göhrde und weiter südlich fand ich nur Erosionsformen. Schließlich suchte ich auch nördlich der Elbe und konnte auf Bl. Kolrep ganz die gleichen Erosionsformen wie südlich der Elbe nachweisen. Ich fand dann aber, als ich weiter von Süden gegen Norden vorrückend Blatt für Blatt untersuchte, auf Bl. Parchim Akkumulationsformen.

Ich suchte dann südlich von Berlin die gleiche Grenze und fand auf Bl. Treuenbrietzen und Jüterbog Erosionsformen und im NO von Bl. Hennikendorf Akkumulationsformen. Wie und wo ich im übrigen die Grenze auffinden konnte, das zeigt die Karte Taf. 13 und die nachfolgende Übersicht, bei der, wie auch im weiteren Verlauf der Untersuchung die Erosionslandschaft mit A (Pencks Altmoränen) und die Akkumulationslandschaft mit J (Pencks Jungmoränen, bezeichnet werden wird.

Schleswig.

248 Hattstedt. Ruhige Formen, eigentümliches Trockental: Olderuper Moor östlich Engelsburg gegen Süden. Keine Wannen. A.

249 Viöl. Ruhige, einander parallele Kurven. A.

299 Ostenfeld. Der Höhenrücken von Ostenfeld entspricht in den Oberflächenformen dem Kisdorfer Wohld. Erosionsrinnen in alle Richtungen. A.

250 Jübeck. Östl. Drittel kuppige Landschaft mit Wannen und Seen, westliches Drittel flache, ruhige Formen. J.

251 Schleswig. Unruhige Formen, Seen, abflußlose Wannen. J.

300 Hollingstedt. Im NO kuppige Landschaft, abflußlose Wannen; J. Im übrigen flach und ruhig.

356 Süderstapel. Vom Glockenberg östl. Hude gehen 12 Täler nach NO u. S aus, von denen 10 trocken liegen. A.

357 Meggerdorf. Sehr flache, ruhige Formen.

301 Kropp. In der nördl. u. östl. Hälfte unruhige Formen und abflußlose Wannen. Die morphologische Grenze nähert sich bei Breckendorf der Endmoräne der Hüttener Berge. J.

358 Owschlag. In der NO-Ecke zahlreiche, abflußlose Wannen bei unruhigen Formen. J. Im übrigen flaches Gebiet.

302 Hütten. Endmoränenwall der Hüttener Berge mit zahlreichen Wannen. J. Siehe Seite 178.

303 Eckernförde. Unruhige Formen, Wannen. J.

359 Rendsburg. Unruhige Formen mit zahlreichen Wannen. Die prachtvolle, dem Wittensee westl. vorgelagerte Endmoränenhäufung von Neu-Duvenstedt hat gegen Süden keine Fortsetzung. Die morphologische Grenze, die sich hier ebenso wie bei den Hüttener Bergen dem Endmoränenwall nähert, verläuft gegen Süden über Borgstedt und Nobiskrug. J.

424 Bockelholm. Im nördl. Teil unruhige Formen und zahlreiche, abflußlose Wannen. J.

Holstein.

360 Flemhude. Unruhige Formen und Wannen. J.

425 Westensee. Die SW-Ecke ausgenommen, unruhiger Verlauf der Höhenkurven, zahlreiche Seen und Wannen. J.

426 Groß-Flintbek. Unruhige Kurven, Wannen, Seen. J.

495 Nortorf. Im nö Drittel unruhige Kurven, Wannen und Seen, das übrige Gebiet von ruhiger Geländegestaltung. J.

496 Brügge. Mit Ausnahme des SW-Viertels unruhige Formen, Wannen und Seen. J.

497 Stolpe. Unruhige Formen, Wannen und Seen. J.

421 Tellingstedt. Höhenrücken mit stark zertalten Rändern, z. B. südl. Schalkholz, südl. Bennewohld. Die Tälchen der Steilränder sind zum großen Teil trocken. Keine Wannen. A.

422 Dellstedt. Ruhiger Verlauf der Kurven, keine Wannen. A.

491 Nord-Hastedt. 2 auffallende, N-S verlaufende Höhenzüge Welmbüttel—Riesewohld—Tensbüttel und weiter östlich Jützbüttel—Albersdorf; beide wohl Endmoränen. Ruhige, einander parallele 20 m Kurven. Keine Wannen. **A.**

570 Hademarschen. Ruhiger Verlauf der Kurven. Keine Wannen mit einer Ausnahme sw von Hademarschen, auf einer Wasserscheide zwischen je 2 Höhen 49 gelegen. **A.**

493 Todenbüttel. Im Forst Barlohe schildförmige Erhebung bis 69 m Höhe. Paralleler Verlauf der Kurven, keine Wannen, Entwässerung gleichmäßig in alle Himmelsrichtungen. Östl. jener Erhebung ca. 1 km breites, bis 15 m und mehr eingetieftes, altes Tal, dessen Wasserscheide zwischen Dörpstedt und Remmels gelegen ist. **A.**

573 Gr. Kummerfeld. Im NO unruhige Formen und zahlreiche Wannen. **J.** Im SW hingegen bis 93,8 m aufragendes Hochgebiet von Boostedt, das keine Wanne aufweist, aber im N ein 2,5 km und im S ein 1,5 km langes, auf Bl. Heidmühlen übergehendes Trockental. **A.**

657 Heidmühlen. Außer dem S-Ende der Boostedter Höhe mit dem vorstehend erwähnten Trockental im Gebiet des Staatsforstes flaches Sandgebiet mit zahlreichen Wannen. Im Halloher Gehege an 2 Stellen zahlreiche Wannen, bei denen fraglich ist, wie weit sie durch Dünen entstanden sind. **A** u. **J.**

574 Bornhöved. Im N u. O unruhige Kurven, Wannen und Seen. **J.**

658 Segeberg. In der sö Hälfte unruhige Formen, zahlreiche Wannen und Seen; in der nw Hälfte flaches Sandr-Gebiet mit zahlreichen Wannen. **J.**

734 Stuvenborn. Kisdorfer Wohld, der Typus einer Erosionslandschaft in undurchlässigem Boden s. S. 186. **A.**

744 Leezen. Mit Ausnahme des westl. Randes unruhige Formen, Seen und zahlreiche Wannen. **J.**

656 Bad Bramstedt. Hochgebiete über 30 m Höhe weisen ruhige Kurven auf. Auf dem flachen Gebiet einige abflußlose Löcher westlich Bimöhlen im Roddenmoor, westl. der B-Kate und südl. Armstedt. Nach der Karte läßt sich nicht entscheiden, ob es sich um junge Formen handelt als Fortsetzung des auf Bl. Heidmühlen vorhandenen Sandr-Gebietes. **A** u. ? **J.**

651 Marne. Einfache Kurven, keine Kessel. **A.**

567 Meldorf. Desgl. **A.**

568 Süderhastedt. Ein von NO gegen SW verlaufender Höhenzug

dürfte ein Endmoränenzug sein. Sehr ruhiger Verlauf der Kurven, keine Wannen. Ein eigentümliches Trockental öst-von Brickeln. A.

652 Buchholz. Ruhiger Verlauf der Höhenkurven, keine Wannen. A.

570 Hohenwestedt. Ruhige Höhenlinien. Ein trocknes Tal in der SO-Ecke zeigt abflußlose Stellen im Gebiet der Wasserscheide. A.

653 Wilster. Einfache Kurven, keine Wannen. A.

654 Itzehoe. Nördlich von Itzehoe endmoränenartiger Höhenzug. Keine Wannen. A.

569 Schenefeld. Großer Endmoränenzug. Beginn der Steilwandzertalung westlich von Aasbüttel an dem Tal zum Lindhorster Teich, desgl. nw von Warringholz, keine Wannen. A.

571 Hennstedt. Einfache Kurven, keine Wannen, Beginn der Steilwandzertalung 1 km sw von Homfeld. A.

655 Kellinghusen. Ruhiger Kurvenverlauf, 1 abflußloses Loch in der Schäferkate, jedoch in direkter Fortsetzung eines gegen SW anschließenden Tales. A.

935 Ahrensburg. Unruhige Formen im N östl. von Siek und im SO zwischen Papendorf, Schierholzkate und Sandberg. Abflußlose Wannen sind recht selten. H. Halske hat in einer Dissertation 1924 darauf hingewiesen, daß der Höhenzug Siek, nördl. Braak, nördl. Stapelfeld, Mellenberg bei Volksdorf einen deutlichen Endmoränenbogen erkennen läßt. J.

1031 Glinde. Keinerlei Anzeichen von Aufschüttungsformen. Die starke Zertalung des Klingeberges, südl. Schönau beweist nichts, da heute noch zahlreiche Quellen in jenen Schluchten entspringen. Auffallend ist ein Höhenzug (Höhe 55,1) sö von Havighorst, der sich durch eine Blockpackung als Endmoräne verdächtig macht.

837 Wakendorf. Im NW bei Götzberg ist die südl. Fortsetzung des Kisdorfer Wohldes A., im SO bei Wohldorf sind zahlreiche abflußlose Wannen vorhanden. J. Den Götzberger Höhenzug möchte ich nicht wie Schlunk (53) als eine gesonderte Endmoräne auffassen, sondern nur als Teil des Kisdorfer Endmoränengebietes.

838 Bargteheide. Unruhiger Verlauf der Kurven, unausgeglichener Verlauf der Täler. Wannen selten, aber vorhanden, z. B. südl. Bargteheide. J.

936 Trittau. Unruhige Formen, Seen und abflußlose Wannen. J.

937 Nusse. Unruhige Formen, Seen und abflußlose Wannen. J.

938 Mölln. Unruhige Formen, Seen und abflußlose Wannen. J.

1032 Schwarzenbeck. Im N unruhige Formen, abflußlose Wannen bis Grande und Basthorst gegen S. Im Gebiet des Sachsenwaldes ruhige Kurven, keine Wannen, jedoch auffallende Täler: 1. von Rothenbek gegen SSO breites Tal mit Gefälle nach 2 Richtungen. 2. im SW vom Süsterbek gegen W 2 Trockentäler, nördl. u. südl. der Brandhorst; desgl. östl. der Müssenwiesen. J. u. A.

1033 Siebeneichen. Im N sehr unruhiger Verlauf der Höhenkurven, abflußlose Wannen. Im S ein flaches Hochgebiet ohne Wannen mit ruhigen Kurven in 40—50 m Meereshöhe, das von zahlreichen, ± breiten, 10—15 m tiefen Tälern zerschnitten wird, z. B. das Mühlenbektal bei Müssen. An auffallend flachen Hochgebieten seien außer der Gegend nördl. u. südl. von Müssen die Gebiete um Lanken u. westl. Grabau genannt. J. u. A.

1124 Hamwarde. Abgesehen von der Zertalung des steilen Elbtalrandes, ruhiger Kurvenverlauf. Abflußlose Wannen fehlen mit 4 Ausnahmen, davon scheint eine nördl. Hamwarde nicht natürlicher Entstehung zu sein. Die 3 andern geben gute Beispiele für die S. 185 erläuterte Erscheinung. Um das Auftreten der $^3/_4$ km südl. von Hohenhorn vorhandenen Wanne zu verstehen, verfolge man die Linau von Gülzow über Kollow bis zur Quelle östl. von Worth. Das Linautal setzt sich aber südl. von Worth gegen W fort und läßt sich in flacher Talung verfolgen bis unmittelbar an den S-Rand der abflußlosen Wanne von Hohenhorn. Jenes Trockental ist 4 km lang. Auch die abflußlose Wanne sö vom Vorwerk Hasental liegt in unmittelbarer Fortsetzung des von Gülzow nach Wiershop und von dort gegen S sich auf 4 km Länge hinziehenden Trockentals. Ebenso liegt die Wanne nördlich vom Steinberg in Fortsetzung eines über „Alte Ziegelei“ gegen N ziehenden Trockentals. Weitere Trockentäler: Gülzow—Wiershop — sö von Hamwarde—Vw. Hasental (5,5 km Länge), Linauquelle — s. Worth—Ziegenkrug (4,5 km Länge). A.

1125 Pötrau. Auf den Hochflächen ruhiger Verlauf der Kurven, keine Wannen mit Ausnahme je einer Wanne westlich Luisenhof und zwischen Lütau und Basedow, die jedoch beide dicht oberhalb von Talanfängen liegen. Zu beachten ist der gerade Lauf der Linau auf Bl. Hamwarde u. Pötrau. Im Gebiet des Delvenau-Urstromtales, als Fortsetzung des Sandrs der Möllner

Endmoräne, sind abflußlose Wannen nicht selten, z. B. nördl. Pötrau u. nö von Zweedorf. **A.** u. **J.**

1216 Lauenburg a. E. Auf den Hochgebieten keine abflußlosen Wannen, aber ein breites Trockental zwischen Glüsing und Lauenburg. **A.**

1034 Gudow. Stark gewundener Verlauf der Kurven; zahlreiche Seen und abflußlose Wannen. Das Hochgebiet der Segrahner Berge weist steilwandige Kuppen u. 2 abflußlose Wannen auf. **J.**

Mecklenburg.

1035 Zarrentin. Unruhiger Verlauf der Kurven, Seen und abflußlose Wannen. **J.**

1036 Wittenburg. Nördliche Hälfte, unruhige Formen, See und zahlreiche abflußlose Wannen; südl. Hälfte, ruhiger Verlauf der Kurven, keine abflußlosen Hohlformen. **J** u. **A.**

941 Gr. Brütz. Unruhiger Kurvenverlauf, Seen, abflußlose Wannen. **J.**

1037 Parum. In der nördl. Blatthälfte Seen, Wannen und Kessel bei sehr kuppenreichem Gelände. Die südl. Hälfte zeigt ruhigen Kurvenverlauf, sanft geneigte Hänge und keine abflußlosen Wannen. **J** u. **A.**

1129 Hagenow. Flach geneigte, ruhig geformte Höhen ohne Wannen. **A.**

1127 Camin. Auf den Hochgebieten keine Wannen. Steilrandzertalung an der Höhe südl. Granzin u. nördl. Gr. Bengersdorf. Zu beachten ist, daß vom Hochgebiet nach allen Seiten Erosionsfurchen herabführen. **A.**

1126 Gresse. Auf dem Hochgebiet keine Wannen. Ein 3 km langes Trockental befindet sich nö von Lüttenmark. Beginnende Steilranderosion an der Ostseite von Höhe 67, sö von Badekow. **A.**

1128 Körchow. Ruhiger Verlauf der Höhenkurven, keine Wannen. Eine alte Talung zieht von Vellahn (Bl. Camin) über Kloddram nach Schwaberow, mit einem Paß in 50 m Höhe nw von Ruhetal; hier sind auch 2 abflußlose Wannen. **A.**

1219 Lübtheen. Wie Körchow. **A.**

1218 Besitz. Keine Kessel u. Wannen. **A.**

942 Schwerin. Kuppige Formen, zahlreiche Seen und Wannen. **J.**

943 Langenbrütz. Kuppige Formen, zahlreiche Seen u. Wannen. **J.**

1038 Sülstorf. In der Nordhälfte flache Hohlformen, in der Südhälfte ganz ebener Sandr.

1039 Crivitz. Mit Ausnahme der ganz ebenen SW-Ecke unruhig geformtes Gebiet mit Seen und Wannen. **J.**

1132 Spornitz. Im nördl. Teil unruhiger Verlauf der Höhenkurven, zahlreiche Kessel u. Wannen. Im S Hochgebiet mit gleichmäßig abfallenden Hängen ohne Wannen. **J.** u. **A.**

1133 Parchim. Sehr unruhige, kuppige Landschaft, Seen, zahlreiche Kessel und Wannen. **J.**

1134 Lübz. Seen, Wannen und Kessel. Typische Aufschüttungsformen. **J.**

1135 Plau. Seen, Wannen und Kessel. Typische Aufschüttungsformen. **J.**

1223 Karrenzin. Fortsetzung des im südl. Teil von Bl. Spornitz beginnenden Hochgebietes, das das Vorgelände um 70—80 m überragt und das von den Ruhner Bergen nur durch eine 4—6 km breite, z. T. auffallend ebene Senke (?Sandr.) getrennt wird. Das Spornitzer Hochgebiet auf Bl. Karrenzin zeigt trotz starker Zertalung aller Flanken gleichgerichteten Verlauf der benachbarten Höhenkurven, sowie zahlreiche Trockentälchen bis 1 km Länge. Auf dem MBl. Karrenzin finden sich 11 abflußlose Wannen verzeichnet, davon 7 in der Umgebung von Barkow. 10 von diesen liegen am Grunde oder in Fortsetzung von Trockentälern. Nur eine Wanne in den Bürgertannen, nahe der Wegkreuzung, liegt in flachem Gelände, unmittelbar am Rothenbach. Trotz der nicht sonderlich typischen Formgestaltung eher ein A- als ein J-Gebiet. **A.**

1224 Marnitz. Im NO flaches Gebiet mit Seen und einer abflußlosen Wanne und teilweise Aufschüttungsformen. Im SW ein Teil des Hochgebietes der Ruhner Berge: paralleler Verlauf der Höhenkurven; offenbar lehmiger Untergrund, da die nach allen Seiten gleichmäßig abziehenden Erosionsrinnen noch von Bächen belebt sind. Keine abflußlosen Hohlformen. **A.**

Priegnitz.

1309 Hülsebeck. Fortsetzung des Hochgebietes der Ruhner Berge. Vor dem aus $\pm$ parallelen Zügen aufgebauten, bis 178 m aufragenden Hauptteil, liegt ein durch die Senke von Neu-Ruhn getrennter Wall, der von Neu-Drefahl, südl. von Neu-Ruhn und der Griebower Mühle und nördl. von Sargast dahinzieht. Diese südl. Teile sind ärmer an Wasserläufen; offenbar sandiger als der nördl. Teil um Leppin. Aufschüttungsformen sind im Großen erhalten, im Kleinen jedoch so weit zerstört, daß keine einzige, abflußlose Hohlform im Gebiet der Ruhner Berge vorhanden ist. Die R. B. sind morphologisch dem Typus der Harburger Berge und nicht dem der Hüttener Berge gleich. Der nicht zu den R. B. gehörende Teil des Blattes weist ruhigen Verlauf der Kurven auf. Wannen fehlen. **A.**

1310 Putlitz. Ruhiger Verlauf der Höhenkurven, keine Wannen und Kessel. **A.**

1225 Darss. (Darz). In der nördl. Hälfte zahlreiche Seen und Wannen; in der Südhälfte ein ebenes Sandrgebiet, nur im SW ein Hochgebiet und zwar Ausläufer der Ruhner Berge. **J.** u. **A.**

1226 Meyenburg. Im NO von der Linie Ganzlin—Tönchow See und Wannen, im NW, nördl. von Ganzlin—Retzow, Aufschüttungsformen. Im übrigen flaches Gebiet mit ruhigen Kurven ohne Wannen. **J.** u. **A.**

1311 Schmolde. Eine flache, schildförmige Erhebung, die sich von 70 und 80 m bis 153 m Höhe heraushebt. Trotz der Steigung ruhiger, einander vorwiegend paralleler Verlauf der Höhenkurven. Keine abflußlosen Wannen, ausgenommen ein in der NW-Ecke und je eine nw und wsw von Rohlsdorf verzeichnete, flache Hohlform, die aber in Fortsetzung von Trockentälern gelegen sind. **A.**

1312 Freyenstein. Im NO unruhige Formen, Wannen und Kessel bis an das Tal der Dosse. Westl. dieses Flusses ruhiger Verlauf der Höhenkurven und keine Wannen. **J.** u. **A.**

1313 Wredenhagen. Ganz unruhige Höhenkurven, Seen und Wannen. **J.**

1391 Gr. Pankow. Ruhiger Verlauf der Höhenkurven, keine Wannen. **A.**

1392 Pritzwalk. Ruhiger Verlauf der Höhenlinien, Wannen fehlen, denn bei den 4 auf der Karte nw von Krönkendorf, wsw von Wilmersdorf und auf den Schwarzen Bergen südl. Sarnow verzeichneten Wannen handelt es sich um die S. 185 erwähnten Hohlformen. **A.**

1343 Wittstock. Im Tal der Dosse abflußlose Wannen, z. B. am Ostrande des Bl. sö Scharfenberg und westl. Forsthaus Ziegelkrug. Im Hochgebiet sind mir abflußlose Wannen nicht aufgefallen mit Ausnahme einer etwa 1 km nördl. Bahnhof Stift-Heiligengrabe und einer Wanne etwa 1,5 km nördl. Bahnhof Liebental; diese Wannen liegen jedoch in Trockentälern. Ausgezeichnet ist das Hochgebiet durch das Vorkommen von Trockentälern:

1. Der „Lange Grund“ zwischen Papenbruch und Wittstock; im Mittel 30 m tief eingeschnitten und 1 km breit, auf 3 km trocken;
2. Nördl. von Liebental, ausgeglichenes Gefälle, auf 1,75 km Länge trocken;
3. Südl. von Zaatzke, ausgeglichenes Gefälle, auf 2,5 km Länge trocken;
4. Südl. von Maulbeerwalde;
5. Südwestl. von Blandikow. **A.**

1394 Babitz. Flaches Sandr-Gebiet, Seen und zahlreiche abflußlose Wannen und Kessel. Je eine Wanne und ein Kessel auf den das Sandr-Gebiet überragenden Kuppen diluvialen Sandes des Heideberges sö von Schweinrich. **J.**

1471 Lindenberg. Flaches Gebiet mit sanft geneigten Oberflächenformen, mit Ausnahme eines Endmoränenzuges, der Kronsberge im N. Von 12 auf dem MBl. verzeichneten Wannen liegen 10 in Fortsetzung von Tälern, bei zweien sw von Brünkendorf und östl. Höhe 80 südl. Lindenberg ist ein Zusammenhang mit Talungen aus dem Kartenbild nicht zu erkennen. Die letztgenannte liegt mit der Mehrzahl der anderen Wannen auf der Wasserscheide zwischen Cederbach und Karthänebach. Trockentäler sind nicht selten,

1. nördl. Guhlsdorf 1,7 km lang;
2. nördl. Tüchen nach Hoppenrade, flaches Tal von 5 km Länge ohne zusammenhängenden Wasserlauf. In dieses fossile Tal mündet ein weiteres Trockental, das südlich von Tüchen beginnt;
3. Nördl. von Gr. Welle, auf 2,5 km Länge trocken.

Trotz der erwähnten, nicht eindeutigen Wanne, kann das Gebiet nur zum **A**-Typus der Oberflächenformen gestellt werden.

1472 Kolrep. Eines der wichtigsten Blätter nördl. der Elbe, das zahlreiche Trockentäler und stark zertalte Steilränder ganz wie in der Lüneburger Heide aufweist, also dem Typus der Harburger Berge entspricht. Die schönste Steilrandzertalung zeigen die Kolreper und Horster Berge, aber auch zwischen Breitenfeld und Boddin sowie westl. dieses Ortes sind zahlreiche, einander parallele, heute trockene Tälchen vorhanden, außerdem in einigen von ihnen kleine, bewachsene Rummeln, in denen größere Wachholder stehen. An längeren Trockentälern seien erwähnt:

1. Westl. von Breitenfeld gegen S führend 3 km lang.
2. Östl. von Breitenfeld gegen N führend 2 km lang.
3. Von Kolrep gegen N, 2 km lang.
4. Von der Ziegelei zwischen Breitenfeld und Kolrep gegen SW, 3 km lang.
5. SÖ von Boddin, 1,5 km lang.
6. Östl. von Dahlhausen, 2 km lang u. a.

An abflußlosen Wannen sind auf dem Mbl. 9 verzeichnet, die sämtlich in oder vor dem Anfang von Trockentälern liegen.

Eigentümlich sind die ± breiten von Moor erfüllten Täler, die Bl. Kolrep und die sw angrenzenden Mbl. durchziehen. Diese Talungen sind auf Bl. Kolrep von wechselnder Breite, z. T. von Steilrändern begrenzt, z. B. Höhe 80 zwischen Dannenwalde und Friedheim. Zumeist aber sind die Steilränder stark zertalt wie zwischen Kolrep und Dahlhausen. Die moorerfüllten Talungen lassen häufig kein einheitliches Gefälle erkennen, so daß ein und dasselbe Moor in ± künstlichen Wasserläufe n gegen O in die Dosse und gegen S in die Elbe entwässert, z. B.

Bl. Kolrep: Ursprungsgebiet der Karthane und Jäglitz im Großen Luch sw von Dannenwalde.

Bl. Demertin: nö von Göricke das Gebiet westl. des Granzower Sees.

Bl. Demertin: nördl. von Barentin das Königsfließ.

Auffallend ist, daß diese Talungen auf Bl. Lohm und Havelberg 15 m höher als die sich bis auf 2,5 km nähernde Talsandterrasse des Elbtales gelegen sind. Ich halte es für möglich, daß es sich um ältere, später zeitweise von Schmelzwässern benutzte Talungen handelt. **A.**

1473 Wuticke. In der östl. Hälfte Seen und abflußlose Wannen. **J.**

1474 Rossow. Im SW zwischen Teetz und Darsikow Wannen und Kessel, ebenso westl. von Fretzdorf. **J.**

1544 Gloewen. Die diluvialen Hochgebiete sind sehr flach mit ruhigem Verlauf der Höhenkurven, auch im Endmoränengebiet der Scharfenberge. 5 auf dem Mbl. verzeichnete flache Senken, eine davon nö von Netzow und 4 östl. Kunow, liegen auf Wasserscheiden und in Fortsetzung von Talungen. Außer den großen Tälern wie auf Bl. Kolrep und Demertin ist ein 1,25 km langes Trockental östl. Kunow nördl. der Chaussee vorhanden. **A.**

1545 Demertin. Z. T. flaches Lehmgebiet, z. T. unruhiger gestaltetes Endmoränengebiet. Abflußlose Wannen fehlen mit 3 Ausnahmen nw von Schönermark, die jedoch auf einer Wasser scheide gelegen sind. Im Lehm und sandigen Endmoränengebiet zahlreiche, trockene Talungen, z. B. 3 in Fortsetzung des Döllenbaches, eine davon auf 3 km Länge trocken. Ferner 5 Trockentäler bis 2 km Länge, die von den Höhen zwischen Berlitt und Schönermark in alle Richtungen hinabführen. Außerdem die breiten bei Bl. Kolrep erwähnten Talungen. **A.**

1546 Kyritz. Im W ruhiger Kurvenverlauf. Je eine flache Wanne westl. und östl. von Klosterhof. See bei Gantikow und 2 kleinere Teiche nördl. Holzhausen. Der O mit der Seenkette ist sicher junges Sandr-Gebiet. **A** u. **J.**

1547 Tramnitz. Unruhiger Verlauf der Höhenkurven, Seen, 56 abflußlose Wannen sind auf der Karte verzeichnet. **J.**

1615 Havelberg. Ruhiger Verlauf der Kurven. 5 abflußlose, flache Wannen, von denen 3 in Dünengebieten liegen, und 2 im N, nahe der Bahn, teilweise von Dünen umschlossen werden. Ein längeres Trockental von Muggenbusch gegen N, das sicher 5, vielleicht ursprünglich 6 km lang ist; es steigt von den Talsanden des Haveltals in 25 m Höhe bis 45 m Höhe hinauf. **A**

1616 Lohm. Hochgebiet von geringer Größe und ruhigen Höhenkurven. Der Abfluß des breiten Hochtals von Bl. Demertin, der Mühlengraben, macht einen jugendlichen Eindruck, da er in seiner Breite durchaus nicht zu jenen Talungen paßt. 4 Wannen, davon 2 in Dünen. **A.**

1617 Wusterhausen. Vorwiegend Talsandgebiet.

1618 Wildberg. Auffallend gestaltetes Gebiet. OSO—WNW streichende flache Rücken aus Geschiebemergel. Wannen nicht selten, z. B. 5 zwischen Rohrlack und Vichel, 3 östl. Segeletz und 5 weitere, alle in Geschiebemergel. Morphologisch nicht eindeutig, siehe 1615.

Havelland.

1615 Fehrbellin. Örtlich stark gewundener Verlauf der Höhenkurven, vorwiegend Geschiebemergel. Über 40 abflußlose Wannen. Da es sich bei diesem Blatt um Formen der **J**-Landschaft handelt, muß das nicht eindeutige, mit Fehrbellin unmittelbar zusammenhängende Hochgebiet von Bl. Wildberg gleichfalls der **J**-Landschaft zugehören. **J.**

1688 Friesack. Nur $^1/_4$ des Blattes ist diluviales Hochgebiet. Stark gewundener Verlauf der Höhenkurven. 15 abflußlose Vertiefungen. J.

1760 Haage. Etwa ½ des Blattes ist diluviales Hochgebiet, das sich auf 9 ± inselartige Erhebungen verteilt. 15 abflußlose Hohlformen. Das Blatt ist schwer zu beurteilen, jedoch anscheinend J-Landschaft.

1689 Brunne. Nur ½ des Blattes ist diluviales Hochgebiet und zwar aus Grundmoräne aufgebaut. Gewundener Verlauf der Höhenkurven, 28 abflußlose Hohlformen. J.

1761 Ribbeck. Zahlreiche, abflußlose Hohlformen. J.

1687 Rhinow. Seen, abflußlose Hohlformen im Sandgebiet (südl Klessener See, Hasselberg bei Dickte) wie im Grundmoränengebiet (südl u. sö von Stölln). J.

1759 Rathenow. Seen, einige abflußlose Wannen im Sandgebiet sw von Lochow, wie im Lehmgebiet um Ferchesar und Stechow. J.

1758 Schollene. Sehr unruhiger Verlauf der Kurven, deutliche Aufschüttungsformen, Seen und 79 trockene, abflußlose Hohlformen, trotzdem nur $^2/_3$ des Blattes von diluvialem Hochgebiet bedeckt ist. Sehr deutliche J-Landschaft. J.

1757 Arneburg. Südl. Neuwartensleben deutliche Aufschüttungsformen, abflußlose Hohlformen nicht selten. J.

1685 Sandau. Im SO Aufschüttungsformen, nur 2 abflußlose Hohlformen. J.

1756 Stendal. Keine Seen und Wannen, sehr ruhiger Verlauf der Kurven im Lehm- wie Sandgebiet. Die im östl. Drittel in NS-Richtung verlaufende Endmoräne unterscheidet sich durch ruhige, abgeflachte Formen sehr von der Endmoräne der Bl. Arneburg und Schollene. A.

1683 Osterburg. Flache Landschaft mit äußerst ruhigem Verlauf der Höhenkurven, keine Seen und Wannen. A.

1754 Bismarck. Wie Osterburg. A.

1755 Schinne. Wie Osterburg. A.

1827 Lüderitz. Ruhiger Verlauf der Höhenlinien. Vom Dorfe Windbergen gegen N sanderfülltes, 10 m tief eingeschnittenes Tal, an dessen Grunde 3 abflußlose Wannen. Östlich Vintzelberg, auf der Wasserscheide zwischen Uchte (Bl. Lindstedt) und Lüderitzbach, und ebenso auf der Wasserscheide östl. des erwähnten Trockentals einige flache, abflußlose Wannen (siehe S. 185). Deutliche A-Landschaft. A.

1826 Lindstedt. Von 40 bis über 100 m aufsteigendes Gelände. Zahlreiche Trockentäler, z. B.

1. Oberlauf der Uchte.
2. Von Vollenschier gegen W, 3,5 km lang.
3. Vom Heilandskolk, südl. des Forsthauses Luthäne, auf 3,5 km Länge gegen N.
4. Vom Heilandskolk gegen SW, 3 km lang.
5. Aus der Gegend nö des Forsthauses Schnöggersburg gegen SW auf Bl. Dolle, mündet in das gewaltige Quertrockental dieses Blattes.

Auf den Wasserscheiden und z. T. am Grunde der Trockentäler kleine, abflußlose Hohlformen. **A.**

1825 Gardelegen. Zahlreiche Trockentälchen; westl. von Estedt und Laatzke beginnende Steilrandzertalung. **A.**

1824 Solpke. Sandgebiet ohne Aufschüttungsformen. Im NW 2 längere, von Dünen z. T. erfüllte Trockentäler. 1,5 km ssw Forsthaus Döllnitz 2 kleine Wannen auf Wasserscheide. **A.**

1896 Letzlingen. Zahlreiche Trocken-Täler und Tälchen. Flache, abflußlose Wannen am Grunde der Täler, z. B. 6 am Grunde des von Zobbenitz südl. von Roxförde in die Wüste Mark Zeethen führenden Trockentalsystems. **A.**

1897 Dolle. Mit die größten Trockentalsysteme. Das Letzlinger Trockental quert das Blatt in der Nordhälfte von O nach W, es mißt im ganzen 12 km Länge. Von N münden mehrere Nebentrockentäler von 4, 6 u. 8 km Länge da hinein. Im S des Bl. liegt der obere Teil des Doll-Grabens auf 5 km Länge trocken. Auch hier sind von N und S kommende Nebentrockentäler vorhanden. Kleine, abflußlose Wannen sind nicht selten am Grunde der Trockentalung. So liegen z. B. von 30 in der SW-Ecke südl. der Geschiebemergelplatte vorhandenen, abflußlosen Löchern 8 auf Wasserscheiden und 16 am Grunde von Trockentalungen. **A.**

1963 Calvörde. Fortsetzung der Endmoräne von Bl. Uthmöden. Zeigt auffallend parallelen Verlauf der Höhenkurven. **A.**

1964 Uthmöden. Im S Endmoräne mit annähernd parallelem Verlauf der Höhenkurven. Vom Orte Born gegen S Trockental bis zur Oberförsterei Planken. **A.**

1956 Kolbitz. Ruhiger Verlauf der Höhenkurven. Ein Trockental, das von Born (Bl. Uthmöden) quer über die Nordhälfte des Blattes sich erstreckt, z. T. allerdings nur flach und mehrere km breit ist, im O, südl. und nördl. der Struvenberge jedoch in der Form von engen Trockentälern auftritt.

In der Erläuterung zur geologischen Karte Lieferung 249 S. 4 wird erwähnt, daß die auf den Bl. Dolle und Kolbitz zahlreich vorhandenen Pfuhle und Sölle Anlaß gegeben haben, jene Gebiete dem Bereich der jüngsten Vereisung zuzurechnen. Jedoch zähle ich auf dem als Alt-Diluvium kartierten Teil des Blattes noch über 35 kleine Senken verzeichnet, die z. T. auf Sand, z. T. auf Lehmboden gelegen sind und auch hier zumeist am Grunde von Talungen oder auf Wasserscheiden auftreten. A.

1830 Vieritz. Kaum $^1/_4$ des Blattes ist diluviales Hochgebiet. Im NW-Viertel, nördl. Schmitzdorf, unruhiger Kurvenverlauf der Aufschüttungsformen mit abflußlosen Wannen und Kesseln auch zwischen den höchsten Kuppen der Gr. Eichelberge. J.

1831 Bamme. Nur ganz beschränkte, diluviale Hochflächen, die eine Deutung nicht zulassen.

1832 Garlitz. Der Endmoränenzug zeigt deutliche Aufschüttungsformen und Wannen und Kessel: z. B. Butzower Heide nördl. Karolinenhof mit 5 abflußlosen Hohlformen. Auch am Eichberg, Mühlberg und Fichtenberg sind abflußlose Wannen und Kessel. J.

1833 Tremmen. Seen und andere abflußlose Hohlformen zahlreich im Lehm- und Sandgebiet. J.

1901 Schlagenthin. Nur ganz kleine, diluviale Hochgebiete in Form von Endmoränenresten, von denen die Vehlenschen Berge im Nordteil Aufschüttungsformen aufweisen. J.

1902 Plaue. Vorwiegend Talsandgebiet mit Seen. J.

1903 Brandenburg. In der NW-Ecke diluviales Hochgebiet mit unruhigem Verlauf der Höhenlinien und zahlreichen Wannen und Kesseln. J.

1904 Gr. Kreutz. Südl. Deetz Aufschüttungsformen mit zahlreichen abflußlosen Wannen. J.

1969 Karow bei Genthin. Unruhiger Kurvenverlauf in den Gollwitzer Bergen. Wannen auf dem ganzen Hochgebiet in Sand- wie Lehmuntergrund nicht selten. J.

1970 Gr. Wusterwitz. Im Forst Gränert unruhiger Kurvenverlauf und sehr zahlreiche Wannen und Kessel. Abflußlose Hohlformen auch sonst nicht selten, z. B. südl. von Warchau. J.

1971 Göttin. Ein Blatt, das für sich alleine betrachtet, keine Entscheidung zuläßt, ob A- oder J-Landschaft vorliegt. Der unruhige Verlauf der Kurven zwischen Schmerzke und Rietz und in der N-Hälfte des Forstes Paterdamm sprechen für den J-Typus. Hiermit steht in Einklang das Vorkommen von Hohlformen: Piperfenn, je eine Wanne in den Reuterfichten, zwischen Höhe 43,8 und 41,3, östl. vom Holzberg und sw von Rondunk, sowie 2 weitere s und sö von Göttin. Das übrige Hochgebiet aber zeigt ruhigen Verlauf der Höhenkurven und breite, flache Trockentäler, sowie keine echten Wannen und Kessel.

1972 Lehnin. Das nördliche Hochgebiet zeigt unruhigen Verlauf der Kurven und zahlreiche Wannen und Kessel. Das südliche Hochgebiet, das an Blatt Göttin anschließt, weist gleichfalls unruhige Kurven und abflußlose Hohlformen auf. **J.**

Fläming.

2039 Damelang. Unruhiger Verlauf der Kurven, zahlreiche Kessel und Wannen; Wannen auch im flachen Sandrgebiet. **J.**

2038 Golzow. Im NC deutliche Aufschüttungsformen und eine Wanne. Im SW Hochgebiet, ein Teil des Fläming; ruhiger Verlauf der Kurven, keine abflußlosen Hohlformen, aber Trockentäler, z. B. vom Briesener Wasser gegen S auf 4 km Länge. **J. u. A.**

2037 Glienecke. Ruhiger, einander paralleler Verlauf der Höhenkurven, keine abflußlosen Hohlformen. **A.**

2036 Ziesar. Von 40 auf 100 m Höhe ansteigend, stark zertalt durch die zahlreich unterhalb der 80 m-Kurve austretenden Bäche. Die unzertalten Gebiete weisen ruhigen Verlauf der Höhenkurven auf. Einige wenige abflußlose Wannen liegen alle in Fortsetzung von Trockentälern. Ein größeres Trockental ist der Oberlauf in Fortsetzung des Rosenkruger Baches. **A.**

2035 Theesen. Wie Ziesar; nur 2 abflußlose Wannen, die beide auf Wasserscheiden gelegen sind. Trockentäler bis 2 km Länge. **A.**

1968 Parchen. Diluviales Hochgebiet zu etwa $^1/_4$ der Blattgröße. Ruhiger Verlauf der Kurven, 2 flache, abflußlose Wannen im Brandensteiner Forst in Fortsetzung eines Trockentales; offenbar eine N—S verlaufende, alte Talung. **A.**

2103 Loburg. Sehr ruhiger, einander paralleler Verlauf der Kurven. Lange Trockentäler z. B.

1. Über Vw. Glienecke und nördl. Kolonie Verderben gegen WNW auf 4 km Länge.
2. Von Kl. Lübars gegen NO, 4 km lang.

3. Von Gr. Lübars gegen NO, mit 5 abflußlosen Wannen im obersten Teil.
4. 2 km nördl. Bonndorf südl. des Galgenberges in der OW-Richtung, 6 km lang.
5. und 6. Oberer Teil der von Loburg gegen O aufsteigenden Täler. Sie greifen auf Bl. Alten-Grabow über.

Auf diesem 1900 veröffentlichten Mbl. sind kleine und kleinste abflußlose Löcher verzeichnet, die zur Mehrzahl am Grunde von Trockentälern oder auf Wasserscheiden liegen. **A.**

2170 Lindau. Die geolog. Karte zeigt weite Grundmoränengebiete mit auffallend ruhigem Verlauf der Höhenkurven. **A.**

2104 Altengrabow. Ruhiger, einander paralleler Verlauf der Höhenlinien. Zahlreiche Trockentäler, außer den auf der geologischen Karte durch Talsand und Abschlämmassen verzeichneten, noch folgende:

1. Von Cloing über Bismarckstein nach Wendlobbese 6 km.
2. Oberes Gloinetal 4,5 km.
3. Oberer Teil des Loburg-Bomsdorfer Tales (z. T. Bl. Loburg) 4 km.
4. Von Schweinitz gegen NO 3,5 km.
5. Von Schweinitzer Hütten ein dreifach verzweigtes Trockental-System 5 km.

In der W-Hälfte des Blattes fällt in der Mitte eine an kleinen Kesseln und größeren Wannen reiche Zone zwischen 100 und 110 m Höhe auf; es ist das Gebiet der Wasserscheide zwischen den nach N und S gerichteten Talsystemen. **A.**

2105 Görzke. Ruhiger Verlauf der Kurven. Zahlreiche Trockentäler.

1. Sö-Fortsetzung des Buckau-Tales bis nördl. Oberförsterei Alte Hölle, auf 5,5 km Länge trocken.
2. Sw-Fortsetzung des Buckau-Tales, nördlich Fortshaus Borgsdorf, 4 km trocken. Dies Trockentalsystem erinnert an den Beginn des Kateminbachtales in der Göhrde, Bl. Bredenbock (siehe E. Todtmann (67)).
3. Obere Riembachtal bis Schmerwitz und Neuehütten auf 8,5 km Länge trocken.

Man beachte, daß die 2 auf der geologischen Karte Lfrg. 137 angegebenen Endmoränenzüge mindestens an 6 Stellen von Trockentälern durchbrochen werden in der Richtung auf das frühere Inlandeis hin. **A.**

2172 Stackelitz. Ruhiger, einander paralleler Verlauf der Höhenlinien. Lange Trockentäler. Auf Bl. Görzke und Stackelitz fließt der Wiesenburg-Jeseriger-Bach auf 7,5 km Länge bis Spring; seine Fortsetzung gegen S ist ein Trockental von 8 km Länge, das zahlreiche, seitliche Trockentäler besitzt. Dies Trockental kreuzt den auf der geologischen Karte verzeichneten Endmoränenzug, es weist aber nicht die Form eines subglazialen, sondern die eines reinen Erosionstales auf. Weitere Trockentäler im SO und NW. Größere und kleinere Hohlformen am Grunde oder in Fortsetzung von Trockentälern und auf Wasserscheiden, z. B. liegen die 2 Pfuhle ö von Setzsteig im obersten Teil des n Setzsteig gegen W ziehenden Trockentales; ebenso liegen 3 Wannen s von Jeserig und je eine n und s Jeseriger Hütte und der Sumpfteich ö des Ortes im oberen Teil von Trockentälern. A.

2106 Belzig. Auf der geologischen Karte Lfrg. 137 tritt der fabelhafte Reichtum an Trocken-Tälern und Tälchen besonders deutlich hervor. Man beachte, daß auf den Blättern Belzig und Görzke die Trockentäler von der Endmoräne wie von jedem andern Höhengebiet nach allen Seiten ausstrahlen. A.

2173 Klepzig. Gleicher Reichtum an Trockentälern und Rummeln wie Bl. Belzig, s. die geol. Karte Lfrg. 137. A.

2107 Brück. Ruhiger, einander paralleler Verlauf der Höhenkurven. A.

2174 Niemegk. Zahlreiche Trockentäler, die von den Hochgebieten nach allen Seiten ausstrahlen und auch in dem von Löß bedeckten Gebiet deutlich zu erkennen sind, z. B. von Marzahna aufwärts bis ö von Zeuden. A.

2109 Hennikendorf. Unruhiger Verlauf der Kurven, zahlreiche, abflußlose Hohlformen. J.

2110 Schönweide. Vorwiegend flaches Sandgebiet, zahlreiche, abflußlose Hohlformen. J.

2175 Treuenbrietzen. Ruhiger, einander paralleler Verlauf der Höhenkurven. Zahlreiche Trockentäler bis 7 km Länge, die den Endmoränenzug z. T. von S gegen N, also eiswärts durchschneiden, s. geol. Karte Lfrg. 242. Abflußlose Hohlformen selten und nur auf Wasserscheiden und am Grunde von Trockentälern. A.

2176 Zinna. In den Hochgebieten der s und w Hälfte zahlreiche Trockentäler. Der Weinberg bei Luckenwalde, die Fortsetzung der Hennikendorfer Endmoräne, ist für sich allein nicht zu deuten. A.

2246 Jüterbog. Hochgebiet mit zumeist ruhigem, einander parallelem Verlauf der 20 m Höhenlinien, z. B. Bernickenberg ö Neumarkt und im SO des Blattes. Gestört wird das Bild der ruhigen Kurven durch die überaus zahlreichen, flachen, abflußlosen Hohlformen, die auf dem modernen, erst 1903 erschienenen Mbl. verzeichnet sind. Sie sind z. T. in Trockentalungen besonders zahlreich, z. B. in je einer in N—S-Richtung w und ö von Oehna verlaufenden Talung und in einem im SO von Höhe 102,7 bei Hohengörsdorf beginnenden, gegen NO ziehenden Trockental.

Außer auf Wasserscheiden treten diese 1,25—2,5 m tiefen Hohlformen nur selten auf. Wichtig sind die großen Trockentäler:

1. Bochow—ö Hohengörsdorf—Borgisdorf—Höfgen—Gräfendorf (Bl. Schlenzer) und weiter ö, 13 km.
2. W Rohrbeck—Oehna, 4 km.
3. Bochow—Langenlipsdorf, 5,5 km.

Die geologische Übersichtskarte 1 : 500 000 Bl. Brandenburg gibt für die Mitte des Bl. Jüterbog Löß an; das Auftreten der Trockentäler im Lößgebiet ist wichtig! A.

2177 Luckenwalde. Nur die s Hälfte ist Hochgebiet. Sie zeigt ruhigen, einander parallelen Verlauf der Kurven; Wannen und Kessel fehlen. Zahlreiche kürzere und 2 längere Trockentäler:

1. Sw von Stülpe aufwärts n und w von Schmielickendorf bis an die s Blattgrenze, 4 km.
2. Aus der Jänickendorfer Heide—Wegkreuzung 63,6 gegen SSO, s Berg Hohendorf bis an die Südgrenze des Blattes, 4,5 km. A.

2247 Schlenzer. Ruhiger, einander paralleler Verlauf der Höhenlinien. Lange Trockentäler:

1. S von Sernow—Lichterfelde—Sernower Heide—kurzer Bogen auf Bl. Jüterbog—Fröhden—Markendorf—NO-Ecke Jüterbog 12,5 km.
2. Charlottenfelde—Waltersdorf 13 km, mit trockenen Seitentälern von W und O.

Kleine und größere, flache Hohlformen örtlich gehäuft, ähnlich wie auf Bl. Jüterbog. A.

2248 Petkus. Einander paralleler Verlauf der Höhenkurven. Ein stark verzweigtes Trockentalsystem bis 9,10 und 12,5 km Länge.

Große Teile des Blattes sind fast ganz frei von kleinen Hohlformen, nur im SW treten flache Wannen auf, ähnlich wie auf Bl. Schlenzer und Jüterbog. In der NO-Ecke anscheinend Dünen. **A.**

2178 Paplitz. In der S-Hälfte einander paralleler Verlauf der Höhenkurven mit Ausnahme einiger, anscheinend von Dünen bedeckter Gebiete. Zahlreiche Trockentäler bis 4 km Länge. **A.**

2179 Baruth. In der SW-Ecke Fortsetzung von Bl. Paplitz, in der NO-Ecke unruhiger Verlauf der Kurven, zahlreiche große und kleine, verschieden gestaltete, abflußlose Hohlformen. Deutliche J-Landschaft. **J.**

2112 Teupitz. Sehr unruhiger Verlauf der Höhenlinien. Zahlreiche Seen und abflußlose Wannen und Kessel. Deutlichste J-Landschaft.

2252. Staupitz. Unruhiger Verlauf der Höhenlinien, Seen, zahlreiche abflußlose Wannen. **J.**

Vorstehende Übersicht ergibt (s. Tafel 13).

1. Der Unterschied zwischen Aufschüttungslandschaft (J-Landschaft) und Erosionslandschaft (A-Landschaft) findet sich in ganz NW-Deutschland.
2. Zwischen A und J-Landschaft ist kein allmählicher Übergang vorhanden. Die beiden Landschaftstypen grenzen zwar niemals aneinander, sind aber nur durch breite Talungen (Schmelzwassertäler) von einander getrennt. Sie kommen sich nicht selten auf Mbl.-Breite nahe, z. B. Mbl. 573 Gr. Kummerfeld, 1022 Schwarzenbek, 1033 Siebeneichen, 1037 Parum, 1132 Spornitz, 1224 Marnitz, 1312 Freyenstein, 1546 Kyritz, 2038 Golzow, 2176 Zinna, 2178 Paplitz, 2179 Baruth.
3. Die Grenze der beiden Landschaftstypen läßt sich i. a. zusammenhängend verfolgen; sie verläuft im großen Ganzen in NW—SO-Richtung. Örtlich verwischt wird die Grenze bisweilen durch zahlreiche Schmelzwassertäler, z. B. in Mecklenburg, wo im Delvenautal, in den Tälern der Boize, Schaale, Sude, Elde und Stör u. a. Formen des J-Typus nach S bis an das Elbtal vordringen, während die Hochgebiete dem A-Typus angehören. Noch stärker durch Urstromtäler zerstört ist das Gebiet der morphologischen Grenze s des Eberswalder Urstromtales bis zum Fläming hin. Hier sind auf manchen Meßtischblättern nur inselartige, auf anderen überhaupt keine diluvialen Hochgebiete erhalten.

E. Die Deutung der morphologischen Grenze.

I. Entstehung der J-Landschaft.

Die Entstehung der J-Landschaft erscheint uns ohne Schwierigkeiten verständlich: Das letzte Inlandeis, das das Gebiet der heutigen Ostsee überschritten hat, ließ bei schnell erfolgtem Abtauen Hügel und Kuppen mannigfacher Form zurück, dazwischen Wannen und Kessel, die sich bei wasserdurchlässigem Untergrund fast unversehrt erhalten haben. Bei undurchlässigem Untergrund schnitt sich das oberflächlich abfließende Wasser ± tief ein. Die seit der Entstehung jener Landschaftsformen niedergefallenen Wassermengen haben jedoch nicht vermocht,

1. den größeren Teil der vorhandenen Hohlformen zuzuschwemmen oder anzuzapfen;
2. die stark gewundenen Wasserläufe zu verkürzen, z. B. Ober-Eider, Trave;
3. die Gefälle der Wasserläufe auszugleichen, z. B. Ober-Eider, Haddeby-Bach usw.

Auf den Meinungsstreit über die Entstehungsart mancher Einzeltypen der J-Landschaft kann hier nicht weiter eingegangen werden. Kurz besprochen sei nur die Annahme, daß in vielen Fällen sog. totes Eis, d. h. Reste von Eis, die von der Haupteismasse durch Abschmelzen getrennt waren, zur Herausbildung sonst scheinbar unerklärbarer Landschaftsformen geführt habe. Schon Berendt (2 p. 494) hatte den Gedanken an besondere Eisfelder auf den Hochgebieten Norddeutschlands geäußert, deutlicher wurde Keilhack (25, S. 144), der schotterführende, gegen Nord verlaufende Trockentäler am Nordrand des Fläming beobachtete und für deren Wasserführung auf dem Hochplateau des Fläming gelegene, abgetrennte Reste des Inlandeises in Anspruch nahm. Später sind Finckh und Schneider (6,54) mit guten Gründen auf die Annahme sog. toten Eises zur Deutung gewisser, eiszeitlicher Formen zurückgekommen. Vom Hauptteil abgetrennte, unter Moränenschutt begrabene und somit vor den Sonnenstrahlen geschützte und darum langsam abtauende Massen toten Eises sind in Gebieten mit vorwiegend abschmelzenden Vereisungen anscheinend nicht selten (siehe die Angaben bei Lamansky, 31, S. 185—187). Jedoch wird in letzter Zeit totes Eis häufig zu unrecht bei Erklärung verschiedener Erscheinungen des norddeutschen Diluvialgebietes herangezogen; z. B. möchte Stoller (60, S. 129 und 62, S. 225) die zahlreichen „Rüllen, Rummeln, Schluchten und Trockentälchen, die die weiten Sandebenen der hochgelegenen Lüneburger Heide unterbrechen, als die ältesten Abflußwege der Schmelzwässer aus dem Gewirr der in zahlreiche Stücke geborstenen, toten Eisschollen“ betrachten. Jedoch totes Eis schmilzt so langsam, daß sich auf Sand- und Kiesboden schwerlich Wasserläufe bilden konnten. Außerdem zeigen die unten von Klecken (Bl. Hittfeld) angeführten Verhältnisse, daß zum mindesten zahlreiche, heute trockene Schluchten bedeutend jünger sind als das letzte Inlandeis der Gegend. 1914 versucht auch Wiegers (Erl. Bl. Dolle Lfrg. 249 1923) gewaltige Trockentäler auf Blatt Dolle und Letzlingen zu erklären als Rinnen, die ausgespült wurden durch Schmelzwasser, das von totem Eis herabkam. 1921 möchte auch von Linstow (Erl. Blatt Podejuch, Lfrg. 67 2. Aufl.) die Talsysteme der Buchheide bei Stettin erklären durch Schmelzwasser, die ausgingen von „einem gewaltigen, isolierten Eisklotz“, der auf den Höhen der Buchheide liegen blieb.[1]) Noch weiter aber geht Schucht (68, S. 228), der „für viele Gebiete des Norddeutschen Flachlandes“ tote Eismassen annimmt, nur weil „von O—W streichenden Wasserscheiden diluviale Täler gegen Norden ausgehen“. Totes Eis liefert keine Schmelzwassermengen, besonders nicht bei Sand- und Kiesuntergrund. Wie das so auffallende Vorkommen jener Trockentäler gedeutet werden kann, wird im nächsten Abschnitt darzulegen sein.

II. Entstehung der A-Landschaft.

Es kann keinem Zweifel unterliegen, daß die A-Landschaft ursprünglich Aufschüttungsformen aufwies; denn abschmelzendes Inlandeis war es, das jenes Material hinterließ, aus dem sich die Höhen der Lüneburger Heide, der Göhrde und des Drawehn, des Fläming usw. aufbauen. Auffallend und bisher nicht erklärbar ist es, daß die Materialien der genannten Gebiete sich durch das erhebliche Überwiegen von Sand über tonigen Gesteinen von denen der Ostseerandgebiete unterscheiden. Es scheint, daß dieses Merkmal für den ganzen Endmoränenzug von der Elbe bei Blankenese und Harburg bis in den Fläming hinein und ebenso für Göhrde und Drawehn bezeichnend ist, während weiter auswärts (Staumoräne der Wingst) wie einwärts (Kisdorfer Wohld, Westteil der Ruhner Berge) auch tonige Gesteine

[1]) Die tiefen Täler und die große Zahl der heute noch vorhandenen Bäche erklärt sich vielmehr aus der Undurchlässigkeit des Bodens: Tertiärton, Geschiebemergel (siehe geol. Karte Lief. 67, 2. Aufl.).

am Aufbau der Hochgebiete im Bereich der A-Landschaft teilnehmen. Reste der Aufschüttungsformen sind im Gebiet dieser Landschaft nur in geringem Maße erhalten. Als solche glaube ich den kleinen Höhenzug südlich von Ehestorf, genannt Kiekeberg, (Bl. Harburg) ansehen zu dürfen, und vor allem die heidebedeckten, rundlichen Kuppen südlich vom Bahnhof Sprötze an der Bahn Harburg—Bremen. Ebenso macht der Wilseder Berg von Norden gesehen, jetzt wo er durch Waldbrand der Vegetation beraubt ist und gewaltige Blockpackungen entblößt daliegen, durchaus den Eindruck einer Endmoräne mit erhaltenen Aufschüttungsformen. Als Spuren solcher Aufschüttungsformen sind ferner die Kessel und Löcher anzusehen, die wir ganz selten im Bereich der A-Landschaft antreffen und zwar auf den Wasserscheiden zwischen lebenden und fossilen Wasserläufen. (S. o. S. 185).

Treten Aufschüttungsformen in der A-Landschaft so stark zurück, daß sie als Ausnahme zu gelten haben, so sind Abtragungsformen um so bezeichnender für jenes Gebiet. Am auffallendsten, wenigstens im bunten Kartenbild, sind die langen Trockentäler. Sie weisen gleichsinniges und ausgeglichenes Gefälle auf. Hieraus geht hervor, daß in jenen Tälern größere Wassermengen so lange geflossen sind, bis ein gleichmäßiges Gefälle erreicht war. Dies hat z. T. längere Zeit beansprucht, ist doch z. B. auf Bl. Harburg eine bis 10 m mächtige Lehmdecke zernagt worden. Das auffallendste ist nun, daß 8—15 km lange, derartige Täler auftreten in Gebieten, in denen heute keine Oberflächenentwässerung, sondern bei der hohen Durchlässigkeit des Bodens nur Vertikalentwässerung stattfindet, z. B. Bl. Harburg, Hittfeld, Stakelitz, Klepzig, Belzig u. a.

Hieraus ist zu folgern, daß jene Gebiete vormals nicht hinreichend durchlässig waren, um die ganze, damals auf ihrer Oberfläche auftretende Wassermenge vertikal zu entwässern. Das kann aus 3 Gründen möglich gewesen sein: a) der Boden war damals toniger als heute, b) der Boden war vom Grundwasser erfüllt, der c) Boden war tief hinein gefroren. Da eine Verringerung des Tongehalts bis in größere Tiefen nicht zu erklären wäre, scheidet die Annahme dieser Möglichkeit aus.

Bei den großen Höhenunterschieden auf kurze Entfernung, wie wir sie auf Blatt Harburg und im Fläming bei diesen Trockentälern beobachten, erscheint es auch ausgeschlossen, ruhendes Grundwasser als Stauer des abfließenden Wassers anzunehmen. So müßte z. B. das ruhende Grundwasser damals in durchlässigem Sand folgende Gefälle aufgewiesen haben:

Bl. Klepzig, Trockental von Klein Marzehns nach Raben, 160—96 m auf 5,5 km Entfernung, d. i. 1 m Steigung auf 86 m Länge.

Bl. Hittfeld, Trockental von Nenndorf 115—45 m auf 8 km Entfernung, dies ist 1 m Steigung auf 114 m Länge.

Derartige Grundwassergefälle in stark durchlässigen Sanden erscheinen unmöglich. Somit bleibt zu untersuchen, ob gefrorener Boden als Wasserstauer für jene alten Täler gedient haben kann.

Heute kennen wir aus Nord-Asien ungeheure Gebiete, in denen der Boden dauernd gefroren ist. Dasselbe war für Europa zur Eiszeit außerhalb der vereisten Gebiete der Fall, wie z. B. von **B.** Högbom (21. S. 376) und Passarge[1]) klar erkannt worden ist. Wenn es sich nachweisen ließe, daß jene Trockentäler zur Zeit starker Vereisung Europas entstanden sind, so gewänne die Anschauung über die Mitwirkung von gefrorenem Boden bei Entstehung der heutigen Trockentäler sehr an Wahrscheinlichkeit. Das Alter dieser Trockentäler soll jedoch später gleichzeitig mit dem der anderen Abtragungsformen untersucht werden.[2])

Eine weitere für die A-Landschaft bezeichnende Oberflächenform sind die Rummeln genannten Trockentäler. Sie sind zuerst und am besten bekannt geworden vom Fläming; neuerdings aber in ganz der

---

[1]) Passarge: Grundlagen der Landschaftskunde Bd. 3, 1920, p. 193. In der diluvialen Eiszeit muß außerhalb der vereisten Gebiete ein Tundraklima geherrscht haben .... Demgemäß müssen auch für die Verwitterung und Abtragung die Bedingungen geherrscht haben, die wir heutzutage in den Tundrengürteln finden, also eine Schicht ausdauernden Eisbodens....

[2]) Es sei noch hervorgehoben, daß diese Täler bisweilen nicht in ihrer ganzen Länge unversehrt erhalten sind. Nicht selten ist Zerstückelung von Tälern eingetreten, derart, daß spätere, z. T. heute noch lebende Täler die Trockentäler kreuzen, z. B. Salzhausen a. d. Luhe, wo ein annähernd O—W erlaufendes und bei Garlstorf nach Norden abbiegendes Tal später von der Luhe in N—S-Richtung zerschnitten wurde. Während von Garlstorf die Aue nach Norden zieht und sich von Gödenstorf ein rückläufiger Bach gegen Osten zur Luhe hinzieht, ist das östlich der Luhe gelegene Stück des älteren Tales als Trockental erhalten. An heute trockenen Resten älterer durch spätere Erosion zerstörter Täler sind mir weiter aufgefallen:

1. Bl. Hittfeld: Trockental über Klecken nach Eickstüve, Oberlauf zerstört.
2. Bl. Dahlenburg zwischen Harmstorf und Tosterglope.
3. Bl. Wittstock: der lange Grund.

Selbst wenn es sich auch bei den letztgenannten Resten alter Täler nicht nachweisen ließe, daß es sich um Täler handelt, die über gefrorenem Boden entstanden sind, so würde die Tatsache, daß im Bereich der A-Landschaft jene Reste von älteren Tälern auftreten, jedenfalls Beachtung verdienen.

gleichen Ausbildung z. B. auch bei Neu-Darchau (Mbl. 1303 Neuhaus an der Elbe) durch E. Todtmann (67) aufgefunden.

Die als Rummeln bezeichneten Trockentäler unterscheiden sich von den zuerst erwähnten Trockentälern durch ihre Form; diese haben bis 1 km breite Talsohlen, die Rummeln sind schmale, V-förmig eingeschnittene Täler von kürzerem Lauf als die breiten Trockentäler. Sie sind als Kleinformen anzusehen, die z. B. den Talflanken der breiten Trockentäler aufgesetzt sein könnten. In der Literatur werden die Rummeln erklärt als Abflußrinnen von Sturzregenwässern und Schneeschmelzfluten über ± gefrorenem Boden. Wenn auch heute bei Eintritt der beiden letztgenannten Naturerscheinungen die Rummeln gelegentlich von Wasser durchflossen werden, so glaube ich dennoch, daß es sich bei ihnen nicht um lebende, sondern um fossile Formen handelt. Der Pflanzenwuchs, die Anlage von Wegen und Dämmen ohne Brücken in Rummeln, sowie das Vorhandensein eines Hauses in der Neu-Darchauer Rummel sprechen gegen oder nur von einem sehr gelegentlichen Wiederaufleben der Rummeln. Die von E. Todtmann aufgefundene Tatsache, daß die Neu-Darchauer Rummel die Elbtalsandterrasse nicht durchschneidet, zeugt davon, daß wenigstens aus dieser Rummel seit Entstehung jener Terrasse keine Sandmassen herausgeschafft sind.

Ich halte dafür, daß die Rummeln fossil sind und daß sie ebenso wie die breiten Trockentäler über gefrorenem Boden entstanden sind. Ihr Alter soll später untersucht werden.

Zunächst soll eine weitere Charakterform der A-Landschaft, die Steilrandzertalung, wie wir sie vom Rand des Seevetales auf Bl. Hittfeld kennen gelernt haben, ihrer Entstehung nach untersucht werden.

Da die einzelnen Schluchten ein gleichmäßiges Gefälle haben, dürfte fließendes Wasser bei ihrer Ausbildung tätig gewesen sein. Andererseits ist der Beginn der einzelnen Schluchten zumeist so unvermittelt (Bl. Hittfeld: östlich Iddensen, östlich Klecken), daß nicht oberflächlich abfließendes Wasser jene Schluchten ausgenagt haben kann. Wir müssen vielmehr annehmen, daß aus den Talflanken austretendes Grundwasser diese Flanken unterspült, die Einschnitte allmählich rückwärts verlegt und so die eigentümlichen, steilwandigen Täler geschaffen hat. Es scheint sich also um etwas Ähnliches zu handeln wie das, was Passarge als Grundwasserzertalung in seiner Landschaftskunde III, S. 220 beschrieben und abgebildet hat,[1])

[1]) Siehe auch Th. Wegner: Über die morphologische Bedeutung der Grundwasseraustritte, Z. d. d. Geol. Ges. Nr. 71, Abh., S. 135.

nur daß hier das austretende Wasser nicht von einer undurchlässigen Schicht, sondern von gefrorenem Boden getragen wurde. Es handelt sich dabei also um eine fossile Grundwasserzertalung, denn alle jene Schluchten sind heute vollkommen trocken. In allen sandigen Gebieten im Bereich der A-Landschaft treten diese fossilen Grundwasseraustritte auf, allerdings nicht immer so auffallend wie im Seevetal auf Bl. Hittfeld. Überall, wo steilere Böschungen vorkamen, scheint diese Grundwasserzertalung eingesetzt zu haben: so weist z. B. am Nordrand von Bl. Hittfeld das südöstlich von Langenrehm gelegene Hochgebiet gegen Westen einen flachabfallenden Hang, gegen Osten von Grundwasserzertalung zerschlitztes Gelände auf; man verfolge die 130 und 135 m Höhenlinie. Ganz das gleiche Bild ist auf Bl. Wriedel in der Nordwest-Ecke, östlich der Ortschaft Bockum durch Höhenlinie 100 gegeben. Die weite Verbreitung der fossilen Grundwasserzertalung sei belegt durch den Hinweis auf ihr Vorkommen auch im Fläming, z. B. Bl. Belzig zwischen Belzig und Kranepuhl und Bl. Klepzig zwischen Klein-Marzehns und Garrey.

Jedoch auch nördlich der Elbe tritt jene fossile Grundwasserfurchung auf, sie ist z. B. schön ausgebildet auf Bl. Kolrep (Mbl. 1472) zwischen Kolrep und Dahlhausen und ebenda zwischen Breitenfeld und Boddin.

III. Die Zeit der Entstehung der A- und J-Landschaft.

Um das Alter dieser verschiedenen Trockenformen kennen zu lernen, wird es sich empfehlen, zunächst ihr gegenseitiges Altersverhältnis festzulegen. Dies scheint mir auf den Blättern Harburg, Hittfeld, Holm und Schneverdingen am besten zu gelingen. Auf Bl. Hittfeld haben wir zunächst die 3 S. 184 erwähnten, langen Trockentäler (siehe Fig. 7 S. 183). Ihr Lauf scheint ursprünglich nicht vom Elbtal beeinflußt zu sein, sondern auf das Gletschertor zu gerichtet, das im Gebiet des Eisenbahn-Passes nördlich von Wintermoor (Ecke der Mbl. Holm, Behringen und Schneverdingen) durch radiale Anordnung alter Wasserläufe und den westlich anschließenden Sandr noch zu erkennen (Fig. 7.) ist. Wir können also zunächst folgende Stufenreihe ableiten:

1. Das Inlandeis im Gebiet zwischen Wintermoor und Harburg schmilzt ab.
2. Ablauf der Gewässer in den heutigen Trockentälern gegen Süden.

3. Entstehung des Elbtals.
4. Durch rückschreitende Erosion der Seeve wird die Entwässerung gegen Norden zur Elbe abgelenkt.

Nachdem das heutige Seevetal entstanden, setzte an dessen westlicher Flanke die Grundwasserzertalung ein, die u. a. von Hittfeld über Eddelsen gegen Westen vorschreitend, den Oberlauf des hochgelegenen Trockentales von Klecken zerstörte, und so einen Beweis für den Altersunterschied jener beiden Oberflächenformen hinterließ. Aber nach einiger Zeit hörte der Grundwasseraustritt auf, und die Täler lagen trocken. Da wir ferner aber nicht nur auf dem Hochplateau jener Gegend, in den älteren Trockentälern und auf den Hängen, sondern auch auf dem Taltiefsten der Grundwasserschluchten heute Löß finden, so muß der Grundwasseraustritt schon vor der Lößbildung aufgehört haben. Das hier als Löß bezeichnete Gestein ist bei der Kartierung durch Koert als Flottsand angesehen und ihm eine Entstehung nach Art des Kryokonits zugeschrieben worden. Dies Gestein aber tritt auf von den höchsten Höhen (140 m) bis auf 20 m Meereshöhe hinab (Emmelndorf und Caroxborstel), es kleidet die älteren Trockentäler wie die jüngeren Grundwasserschluchten aus, kam also erst zum Absatz, lange nachdem das Eis aus jener Gegend verschwunden und die Oberflächenformen der Landschaft fertig waren.[1])

Der Flottsand kann also keine Bildung des Eises sein, sondern muß als äolisches Gestein aufgefaßt werden, das aus den Randhöhen der östlichen Lüneburger Heide ausgeblasen wurde.

Zu unserer oben begonnenen Zeitfolge können wir also hinzufügen:

5. Der westliche Steilhang des Seevetales wird durch Grundwasserzertalung zerschlitzt, wobei das unter 2) entstandene Trockental von Klecken zerstört wird.
6. Die Grundwasserzertalung hört auf und die durch sie entstandenen Schluchten werden trocken gelegt.

---

[1]) Das Gleiche gilt von Stollers Flottlehm, der auf Bl. Bevensen in der Gegend von Barum sowohl ein breites, altes Tal wie die später darin eingesenkten, schmalen Rinnen und deren Grundwasserschluchten überzieht. Zudem sei darauf hingewiesen, daß zahlreiche Hochgebiete der A-Landschaft Lößbedeckung aufweisen: Dammer Berge, Harburger Gegend, Ebstorfer Gegend, Fläming, ?Bl. Niendorf nördl. Hamburg.

7. Löß bedeckt die langen Trockentäler und die Grundwasserschluchten.

Von Wichtigkeit ist weiter, daß alle Trockenformen auf den Talsandterrassen ihres Gebietes endigen und diese, wo sie relativ gehoben sind, nicht durchschneiden: z. B. Seevetal, Elbe bei Neu-Darchau u. a. Außerdem sind diese Talsandflächen lößfrei, also jünger als die Zeit der Lößbildung. Daß die Talsande am jüngsten sind, hatte schon Koert erkannt, (Erl. Bl. Hittfeld S. 18 Lfrg. 155).

Wir können die begonnene Zeitfolge also wie folgt fortsetzen:

8. Entstehung der lößfreien Talsandterrassen.
9. Die Talsandterrassen werden relativ gehoben und trocken gelegt.
10. Erosionsschwache Zeit bis heute.

In dieser Altersfolge fehlen die Rummeln. Auch sie endigen auf und über der Talsandstufe, sind also älter als 8.

Wenn es gelingt, von den vorstehend angeführten Zeitabschnitten einen oder mehrere ihrem Alter nach genau festzulegen, so wäre damit ein Weg gefunden, die Zeit, da die A-Landschaft entstand, genauer zu fixieren.

Zeitabschnitt 1) ist bisher nicht eindeutig zu begrenzen, da es unentschieden ist, ob die letzte oder vorletzte Inlandvereisung die Glazialformen in jenen Gebieten aufgeworfen hat. Die Preußische Geologische Landesanstalt kartiert zwar jüngste, aber von einigen ihrer Mitarbeiter wird die äußerste Grenze der letzten Vereisung nördlich der Elbe vermutet; wäre dies richtig, so könnte bei Klecken nur Material der vorletzten Vereisung aufgehäuft liegen.

Zeitabschnitt 2) bis 6) sind zeitlich nicht näher zu bestimmen; ebenso Abschnitt 7). Die Deutung die Koert und Stoller dem von ihnen Schleppsand und Flottlehm genannten, lößähnlichen Material gaben, nämlich als Kryokonit oder in gestauten Wässern über dem Eise abgesetzte Gletschertrübe, erweist sich durch die oben angeführte große zeitliche Trennung vom Inlandeis als ganz unmöglich. Aber auch bei der Auffassung jener Ablagerungen als Löß sind wir m. E. heute nicht in der Lage, die Zeit der Entstehung zu fixieren, da das Alter der Lößbildung noch umstritten ist. Anders jedoch 8, der Zeitabschnitt, da die Talsandterrassen entstanden. Die Talsandstufe des Seevetales geht über in die breite Elbtalsandterrasse, die sich zwischen Harburg und Lüneburg am Südufer der Elbe hinzieht und die sich ohne größere Unterbrechung weit elbaufwärts verfolgen läßt.

Im Niveau dieser Elbtalsandterrasse münden aber von Norden her zahlreiche Schmelzwasserrinnen, in denen die Eiswässer der baltischen Endmoräne abflossen, z. B. Delvenau-Tal, Schaaletal von Zarrentin kommend, der Schweriner Sandr u. a. Hierdurch ist eindeutig erwiesen, daß die Elbtalsande abgesetzt wurden als das Inlandeis — es war das letzte, das Norddeutschland erreichte —, den Gürtel der baltischen Hauptendmoräne aufschüttete. Zu derselben Zeit sind auch die Talsande im Seevetal aufgeschüttet. Also entspricht der 8. Abschnitt, der für die Umgebung von Klecken aufgestellten Zeitfolge der jüngsten, sog. baltischen Vergletscherung Nord-Deutschlands.

Ist Abschnitt 8 = jüngster Vereisung,
so sind Abschnitt 9 u. 10 = Nacheiszeit.

Die wichtigste Frage ist jetzt, ob das Inlandeis des ersten Zeitabschnittes in obigem Profil der gleichen Vereisung wie der Abschnitt 8 angehören kann oder nicht. Mit anderen Worten: läßt sich glaubhaft machen, daß in dem Zeitraum, da der Rand des Inlandeises aus der Lüneburger Heide bis Mittel-Holstein zurückverlegt wurde, sich die in obigem Schema von 2—7 angeführten Veränderungen haben abspielen können; oder gehören die durch Abschnitt 1 und 8 erwiesenen Inlandeismassen verschiedenen Vereisungen an, so daß sich in den Zeitabschnitten 1—8 außer 2 Vereisungen eine Zwischeneiszeit verbirgt.

Aus obiger Zeitfolge oder anderen, ähnlichen Profilen im Gebiet der A-Landschaft läßt sich eine Entscheidung der zuletzt aufgeworfenen Alternative nicht treffen.

Jedoch führt ein Vergleich mit der J-Landschaft zu eindeutigen Ergebnissen. Im Bereich dieser Landschaft können wir unterscheiden:

1. Aufschüttung des Geländes durch das letzte Inlandeis.
2. Erosionsschwache Nacheiszeit,

und dies in gleicher Weise in dem ganzen Gebiet nördlich und innerhalb der oben angeführten morphologischen Grenze.

Es sind demnach während der langen Zeiträume, da der Rand des Inlandeises allmählich weiter gegen Norden zu liegen kam, und während der Nacheiszeit die aufgeschütteten Oberflächenformen nahezu unversehrt geblieben. Es sind nirgends in dem weiten, in Betracht kommenden Gebiet Zeiten der Abtragung und darauffolgender Lößbildung zu erkennen. Wir haben also folgenden Gegensatz:

im Bereich der A-Landschaft	im Bereich der J-Landschaft
1. Zeit der Aufschüttung	1. Zeit der Aufschüttung
2. Zeit der Zerstörung der Aufschüttungsformen	fehlt
3. Zeit der Lößbildung	fehlt
4. Erosionsarme Zeit	2. Erosionsarme Zeit.

Zweifellos ist die Zeit der Aufschüttung im Gebiet der J- wie der A-Landschaft die Zeit der letzten Vereisung des betreffenden Gebietes. Die Nacheiszeit für jene 2 Gebiete ist demnach vollkommen verschieden und zwar im Gebiet der A-Landschaft um 2 Zeitabschnitte reicher. In diesen beiden Zeitabschnitten sind klimatische Zustände (Bodenfrost, andere Durchnässung des Bodens als im J-Gebiet, äolische Gesteinsbildungen) vorhanden gewesen, wie sie in der Nacheiszeit der J-Landschaft niemals aufgetreten sind. Dieser tiefgehende Unterschied der Nacheiszeit in aneinanderstoßenden Gebieten ist vollkommen unverständlich, solange der Begriff Nacheiszeit für beide Gebiete das Gleiche umschließt. Wenn jedoch der Begriff „Nacheiszeit" in den 2 Gebieten etwas Verschiedenes umfaßt, so muß die Nacheiszeit im Gebiete der A-Landschaft länger gedauert haben als im Gebiet der J-Landschaft; d. h. aber, die letzte Vereisung im Gebiete der A-Landschaft war eine andere und liegt weiter zurück als die letzte Vereisung im Bereich der J-Landschaft.

Es ergibt sich also

	A-Landschaft	J-Landschaft
Vorletzte Vereisung	Zeit der Aufschüttung	—
Letztes Interglazial	Zeit schwacher Abtragung	—
Letzte Vereisung	eisfrei	Zeit der Aufschüttung abschließend mit Talsandterrassenbildung
	1. Zeit starker Abtragung (Bodenfrost)	
	2. Zeit der Lößbildung	
	3. Zeit der Talsandterrassenbildung	
Nacheiszeit	Zeit schwacher Abtragung	Zeit schwacher Abtragung.

IV. Die Bedeutung der morphologischen Grenze.

Die zuletzt aufgestellte Übersicht ergibt, daß in den Gebieten mit Oberflächenformen des A-Typus das vorletzte Glazial, in den Gebieten der J-Landschaft jedoch das letzte Glazial das oberste Diluvium der betreffenden Gegenden aufbaut.

Somit gibt die morphologische Grenze die äußerste Grenze der jüngsten Vereisung an.

F. Geologische Belege für die Richtigkeit der Deutung der morphologischen Grenze.

I. Der geologische Aufbau des Gebietes der morphologischen Grenze.

Sobald erkannt ist, daß die morphologische Grenze dem äußersten Rand der baltischen Vereisung entspricht, erhebt sich auch die Frage: Ist dieser äußerste Rand geologisch hervorgehoben oder wenigstens einheitlich gebaut?

In Schleswig-Holstein fällt die morphologische Grenze zusammen mit dem Endmoränenzug, der von der dänischen Grenze bis an den Westensee nördlich von Neumünster von Gottsche zum ersten Mal verfolgt war (17). In dem Gebiet nördlich und östlich von Neumünster fällt die morphologische Grenze auch mit Endmoränenzügen zusammen, wenngleich solche dort von Gottsche, Struck (65, 66) u. a. bisher nicht angegeben sind. Struck verzeichnet aber auf den Karten zu den genannten Arbeiten den Verlauf der morphologischen Grenze. Aus diesen Karten ersehen wir ferner, daß von Mbl. Bornhöved bis Mbl. Wakendorf und Bargteheide die morphologische Grenze wieder mit einem Endmoränenzug bezw. dem zugehörigen Sandr zusammenfällt.

Von Mbl. Ahrensburg quer durch Süd-Holstein bis an Mecklenburg heran fällt die morphologische Grenze mit der von Struck und Gagel verfolgten südlichen Hauptendmoräne (Trittau—Schretstaken—Gudow—Zarrentin) und den davon gegen die Elbe vordringenden Sandrn zusammen.

In Mecklenburg stimmt die morphologische Grenze annähernd überein mit der südlichen Hauptendmoräne, wie sie E. Geinitz 1922 (16) angegeben hat. Diese findet ihre Fortsetzung in der Zempow-Zechlin—Rheinsberger Endmoräne (siehe Brandenburg 1 : 500 000), und die morphologische Grenze fällt mit der äußeren Grenze des zugehörigen Sandrs zusammen.

Das Diluvialgebiet der Mbl. Neuruppin, Fehrbellin und Wildberg gehört morphologisch zur J-Landschaft, obgleich es nach der geologischen Karte Bl. Brandenburg anscheinend vor der Fortsetzung der Rheinsberger Endmoräne gelegen ist. Von den Mbl. Friesack, Rhinow, Sandau, Arneburg, Schollene an südl. fällt die morphologische Grenze wieder mit Endmoränen zusammen, und zwar ist es der Endmoränenzug, der erstmalig von O. Tietze (66) erkannt und verfolgt wurde.

Es ergibt sich also, daß die morphologische Grenze zu allermeist mit Endmoränen oder deren Sandrn zusammenfällt. Es ist somit das Gebiet der morphologischen Grenze nicht nur geologisch hervorgehoben, sondern weist den geologischen Bau auf, der für den äußersten Rand einer selbständigen Vereisung der wahrscheinlichste ist: der eines fast lückenlos zusammenhängenden Endmoränenzuges.

II. Über den sogenannten Lüneburger Eisvorstoß.

Die Deutung der in Abschnitt D nachgewiesenen, morphologischen Grenze als äußerster Rand der jüngsten, sogenannten baltischen Vereisung, steht mit den bisherigen Anschauungen vieler norddeutscher Diluvialgeologen über die äußerste Grenze der jüngsten Vereisung in Widerspruch. Es erscheint daher notwendig, die verschiedenen Auffassungen und ihre Konsequenzen gegeneinander zu vergleichen, um so einen Überblick zu bekommen, ob und wie weit bei der neuen Anschauung Schwächen und Lücken der bisherigen Annahme fortfallen.

In der Einleitung zu diesem Aufsatz ist erwähnt, daß alle älteren Arbeiten über die Gliederung des norddeutschen Diluviums von vollkommen unrichtigen, stratigraphischen Anschauungen ausgingen, und daß erst seit 1900 mit älteren Vorurteilen aufgeräumt ist.

1904 hat Gagel (8, S. 458) von der Ostsee bis südlich von Mölln an die baltische Endmoräne heran ein zusammenhängendes Geschiebemergelgebiet nachgewiesen. Er fährt S. 468 fort: „Über diese Haupt-Endmoränenstaffel scheint sich die obere Grundmoräne nur an wenigen Stellen herüberzuziehen — wie weit, kann erst die genaue Kartierung nachweisen, die noch nicht abgeschlossen ist.“ Im nächsten Jahre setzt Gagel auseinander (9, S. 434), daß auf den Bl. Siebeneichen, Schwarzenbek, Pötrau und Hamwarde Grundmoräne auftritt, deren unmittelbarer Zusammenhang mit der Grundmoräne weiter nördlich sich nicht hat nachweisen lassen, die aber einmal von Torf, einmal von Torf und Diatomeenerde, einmal von Tonmergel mit Ostrea edulis unterlagert wird. Gagel untersucht nicht weiter, wie weit es sich bei den angeführten Interglazialresten um verschleppte Schollen handelt, er sieht vielmehr alles als anstehend an; er glaubt außerdem die Mächtigkeit der Grundmoräne zu 3,5 bis 41 m feststellen zu dürfen. Mächtigkeit und Liegendes der Grundmoräne auf jenen, südlich der Hauptmoräne gelegenen Blättern sind für ihn ganz die gleichen wie nördlich der Hauptendmoräne. Daraus folgt für Gagel, beide seien identisch (S. 440), also vom selben Eisvorstoß abgesetzt. Stammen aber beide Geschiebemergel von demselben Eisvorstoß, so sind beide sog. obere, d. h. jungdiluvialen Alters. Dasselbe gilt von den vorgelagerten Endmoränen.

Diese Beweisführung ist m. E. nicht stichhaltig, denn es läßt sich über die Altersgleichheit von Torf, Diatomeenerde, marinem Interglazial, südlich und nördlich der Hauptendmoräne nichts aussagen. Warum rechnet Gagel nicht mit der Möglichkeit, daß die südliche Grundmoräne älter ist, zumal er betont, daß ein unmittelbarer Zusammenhang mit der nördlichen Grundmoräne nicht besteht? Es könnten doch auch unter und in älterer Grundmoräne Reste des vorhergehenden Interglazials auftreten.

Gagel war offenbar nicht unbeeinflußt von den Ergebnissen der Untersuchungen südlich der Elbe. Auf Bl. Harburg hatte Koert bei Flestedt folgendes Intergiazialprofil beobachtet (30, S. 625 und Erl. Bl. Harburg).

1—1,2 m schwacheisenschüssiger toniger Feinsand bis Sand = Löß.

0,3—0,5 m Diluvialsand.

0,4 m Kies mit lehmigen Bindemitteln, z. T. sandiger Geschiebelehm, torfstreifig.

1—1,2 m gepreßter Torf.

über 2 m humoser toniger Feinsand.

Koert schreibt: „Ein Hauptergebnis ist die Feststellung der Tatsache, daß hier die letzte Vereisung auch über die Elbe hinüber reicht, und sich ganz erheblich weit in die Lüneburger Heide hinein erstreckt haben muß.“ Ebenda S. 626 veröffentlichte Monke folgendes Schichtenprofil aus der Gegend von Bevensen und Ebstorf:

Westerweyhe	Zgl. Emmendorf
Geschiebesanddecke mit metergroßen Blöcken	Geschiebemergel
10 m Sand	Sand
Süßwassermergel von Westerweyhe	Bändertone
28 m Sand und Kies	Sande
1 m aufgearbeitete Tonschicht	
48 m Geschiebemergel	Geschiebemergel
5 m Sand und Kies, nicht durchteuft.	

Bei Flestedt glaubte man, ähnlich wie bei Westerweyhe 2, durch ein Interglazial getrennte Geschiebemergel vor sich zu haben. Diese Entdeckungen erregten Aufsehen. Da in weiten Teilen Norddeutschlands bei Anwesenheit von 2 Geschiebemergeln und einem Interglazial dazwischen es sich um oberen = jungdiluvialen und unteren = älteren Geschiebemergel handeln sollte, so mußte jetzt bei Harburg und Bevensen-Ebstorf die oberste Grundmoräne jungdiluvialen Alters sein (z. B. Dammer 5, S. 658, Abs. 2). Das benachbarte Blatt Lüneburg, dessen Diluvium früher als Altdiluvium mit grauer Farbe kartiert war, wurde mit den gelblichen Tönen des Jungdiluviums neu gedruckt (siehe Erl. 2. Aufl., S. 31).

Wir haben also gesehen: es liegt weder ein aus der Grundmoräne noch aus dem Interglazial hergeleiteter, stratigraphischer Beweis vor über das jungdiluviale Alter der oberen Grundmoräne im Gebiet südlich der Elbe. Nur der übernommene Glaube, bezw. die unkritische Übertragung einer an anderem Orte häufig richtigen Deduktion: über dem letzten Interglazial liegt das jüngste Diluvium, haben die bis heute energisch verteidigte Meinung begründet, die jüngste, sog. baltische Vereisung sei über die Elbe in die Lüneburger Heide, ja sogar bis an das Allertal vorgestoßen, habe den Fläming überzogen usw.

Es ändert nichts, daß Stoller (62, S. 214 und 215) 1914 zwar ganz richtig schreibt: „auf Grund der Beobachtungen Monkes ergab sich für die geologische Spezialaufnahme des Gebietes die Aufgabe, die Altersbeziehungen der Oberflächen bildenden Grundmoräne der Lüneburger Heide zu der als jungglazial erkannten Grundmoräne, die den Boden Nordwest-Deutschlands nördlich der Elbe zusammensetzt .... zu ermitteln.“ Stoller fährt fort: „Dabei hat sich gezeigt, daß das Oberflächenglazial in der Umgebung von Lüneburg gleichaltrig ist mit dem Jungglazial nördlich der Elbe“. Wobei? Koert glaubte, Monke drückte sich vorsichtig aus, Gagel und Stoller glaubten und prüften nicht nach. Der von Stoller sehr richtig verlangte Nachweis fehlt noch heute, es sei denn, daß Stoller jenen Beweis durch den a. a. O. folgenden Satz ersetzt „Oberflächenformen, Lagerungsverhältnisse, Mächtigkeit und petrographische Verhältnisse und Entwicklung des Oberflächenglazials entsprechen und ergänzen sich auf beiden Seiten des Taldiluviums der Elbe von Hamburg bis Lauenburg aufwärts einerseits, von Harburg bis über Lüneburg hinaus andererseits so vollständig, daß es der Sache Gewalt antun hieße, wollte man hier eine trennende Altersgrenze der beiden Glazialdecken annehmen.“

Diesem Satz wird an sich jeder gerne zustimmen. Wenn aus ihm jedoch abgeleitet werden soll: da die Grundmoräne nördlich der Elbe nach Gagel identisch ist mit der baltischen, so ist auch die Grundmoräne südlich der Elbe vom Alter der baltischen d. h. jüngsten Vereisung, dann ..... beruht die Annahme vom jungdiluvialen Alter der oberen Grundmoräne südlich der Elbe ausschließlich auf Gagels Beweis des jungdiluvialen Alters der oberen Grundmoräne auf den Blättern Schwarzenbek, Pötrau und Hamwarde. Dieser Beweis aber will Grundmoräne zweier Gebiete gleich setzen, weil unter (oder z. T. in ?) der Grundmoräne der 2 Gebiete vollkommen unbestimmbare Reste von Torf, Diatomeenerde, 1 Exemplar einer Auster und „Muscheln" bei Bohrungen und z. T. nur von Bohrmeistern beobachtet waren.

Jene Vorkommen beweisen nichts und die ihnen geschenkte Beachtung erklärt sich aus einer unbewußten, gegenseitigen Beeinflussung der beiderseits der Elbe arbeitenden Geologen. Der eine hoffte oder glaubte, daß jeweils der andere den Beweis für die eigenen Vermutungen erbringen würde oder erbracht habe (siehe Gagel 9, S. 444 und Koerts S. 220 zitierten Sätze).

Für den Gang der vorliegenden Untersuchung ist von Belang, daß also ein wirklicher Beweis für das Vorkommen von jungdiluvialen Glazial-Ablagerungen im Bereiche der A-Landschaft für Holstein und Hannover bisher nicht erbracht ist. Das Gleiche gilt für die Gegend südlich der Ruhner Berge. Gagel (9, S. 443) beruft sich auf Weissermel, der zusammenhängenden Geschiebemergel von den Ruhner Bergen bis an die Elbe nachgewiesen habe. Jedoch abgesehen davon, ob man in der Lage ist, mit dem 2 m-Bohrer zwei aufeinander liegende, verschieden alte Grundmoränen zu trennen, das jungdiluviale Alter der Ruhner Berge ist in diesem Falle nur vermutet, nicht bewiesen.

Hinsichtlich der Verbreitung des jüngsten Glazials in der Lüneburger Heide schließt sich Gagel (14) ganz an Stoller an. Nördlich der Elbe glaubt er, daß jüngstes Diluvium bis Föhr, Süderstapel, Elmshorn, Geesthacht und Lauenburg gereicht habe. (12, S. 240). Auch im NW von Stade sieht er Oberdiluvium (14, S. 58—61), letzteres anscheinend auf Grund des Interglazials. In den andern Fällen ist häufig der „durch lückenlose Kartierung" nachgewiesene „unmittelbare stratigraphische Zusammenhang" mit der Grundmoräne innerhalb der baltischen Hauptendmoräne für Gagel beweisend. Aber auch dieses Argument ist nicht genügend, wofür ich Gagels eigenen, allerdings in anderem Zusammenhang gebrachten Worte zitieren möchte (14, S. 62): „..... da natürlich nicht ausgeschlossen, ja z. T. erwiesen ist, daß in vielen Fällen die jüngsten Interglaziale und Verwitterungszonen beim Herannahen des letzten Eises zerstört, und die älteren

Moränen stark aufgearbeitet, bezw. junge Moränen dann direkt und ohne trennende Zwischenschicht über älteren abgelagert sind." Also ist ein lückenloser Zusammenhang von Grundmoräne kein Beweis für Gleichaltrigkeit der Grundmoräne.

Wenn man fragt, wie denn überhaupt verschieden alte Glazialabsätze eindeutig getrennt werden können, so dürfte die Antwort lauten: auf Grund des Fossilinhaltes der Interglaziale und — in Norddeutschland wenigstens — auf Grund morphologischer Merkmale. Nach diesen Merkmalen ist ein jungdiluviales Alter aber bisher weder für einen etwa vorhandenen Lüneburger Eisvorstoß noch für die anderen, im Bereich der A-Landschaft genannten Punkte wie Stade, Süderstapel usw. nachgewiesen.

III. Die Lage und Bedeckung der Interglazialvorkommen.

Ein weiterer Umstand, der Beachtung verdient, wenn es gilt, die während der letzten Zwischeneiszeit eisfreien und eisbedeckten Gebiete zu trennen, sind die Lagerungsverhältnisse des jüngsten Interglazials. Stoller (60, S. 131) erwähnt für das Gebiet der Lüneburger Heide ausdrücklich, daß sowohl die Kieselgurlager wie auch die Süßwasserkalke etwas weiter südlich in deutlich erkennbaren Mulden liegen. Ganz das Gleiche gilt aber auch für die große Mehrzahl der außerhalb der morphologischen Grenze gelegenen Interglazial-Vorkommen, wie die nachstehende Aufzählung zeigt.

Diese Übersicht soll aber noch auf eine weitere, für die erwähnten Vorkommen bezeichnende Eigentümlichkeit hinweisen, nämlich darauf, daß in den weitaus meisten Fällen einwandfreie Inlandeisablagerungen über jenen Interglazialvorkommen fehlen. Es ist dies ein Umstand, auf den schon gelegentlich hingewiesen ist (Gagel 13, S. 420).

1. Brörup: Jessen, Madsen, Milthers, Nordmann. (23.)
   Diluviale Fossilien: Brasenia purpurea, Dulichium spathaceum, Picea excelsa.
   Lage: „in kleinen flachen Senken" (S. 42)
   Bedeckung: bis 6 m tonig — kiesige oder magere und feinkörnige Sande, ± reich an Geschieben.
2. Westerland-Sylt: Nordmann, Jessen, Milthers (36).
   Dil. Foss.: Brasenia purpurea, Dulichium spathaceum, Picea excelsa
   Lage: am Grunde eines gegen SO nach Tinnum verlaufenden Tales
   Bedeckung: 0,6 m aufgetragener Boden
   0,6 m gelber Sand mit kleinen Steinen, z. T. wind-

poliert, die dicht beieinander in kleinen Klumpen oder kurzen, dünnen Schichten liegen = Flugsand und Flugkies.

0,3—0,6 m kiesiger Sand mit Steinchen.

1,4 m Torf = Tuul, an Oberfläche zerstört.

3. Beldorf: C. Weber (69).

Dil. Foss.: Brasenia purpurea, Dulichium spathaceum

Lage: am Grunde einer weiten Talung

Bedeckung: Torf, rezent

Sand mit Geröllagen und Geschieben, häufig Streifen von Torfdetritus

Torf, diluvial

Moorstreifensand

Torf, diluvial

Kalksand mit Bithynia

Geschiebemergel und Diluvialsand.

4. Großen-Bornholt: ebenda S. 77.

Dil. Foss.: wie oben.

Lage: sumpfige Mulde am Grunde einer weiten Talung

Bedeckung: 0,3 m rezenter Torf

ca. 1,2 m kalkfreier Sand, torfstreifig mit Geröllbänken

2—2,5 m diluvialer Torf.

4a. Nienjahn bei Hohenwestedt: Wolff (75).

Dil. Foss.: Picea, Abies.

Lage: weite, flache Einsenkung des leicht hügeligen Geländes.

Bedeckung: 0—4 m Torf und

steinfreier Sand

4—7,5 m humoser Sand

7,5—8,2 m Sapropeltorf

8,2—9,6 m Schwemmtorf

9,6— Sand mit Geröllen.

5. Schulau-Tinsdahl: Erl. Bl. Wedel S. 19.

Dil. Foss.: Picea excelsa, Tilia platyphyllos

Lage: heute ebene Oberfläche

Bedeckung: 1—2 m Flugsand darunter

gelber, grobkiesiger, etwas lehmiger Sand mit zahlreichen Geschieben bis Kopfgröße, stellenweise schlierig und schlecht geschichtet, reich an eckigen Flintstücken, geht seitlich in gering mächtigen Geschiebesand über.

0,6—1,5 m geschichteter Sand, stellenweise humos.

0,2—1,0 m Torf
ca. 0,5 m Sand, darunter Geschiebemergel.

6. Ohlsdorf bei Hamburg (Stoller 59, S. 113).
Dil. Foss.: Picea excelsa, Brasenia purpurea
Lage: 3 der 4 Vorkommen in Geländemulden

Bedeckung: a) 1—1,5 m Sand mit kleinen Geschieben
Torf
1,5 m feiner, grauer Sand
0,4 m Torf

b) 0—4 m Sand
4—8 m dünnblätterige Braunkohle
feiner Sand

c) 0—3,0 m sandiger Lehm mit viel Geröllen
3,0—5,5 m Sand
5,5—5,9 m Torf mit Haselnüssen und Eicheln

d) 0,0—2,0 m fetter Lehm
2,0—4,0 m Sand
4,0—5,0 m Moor.

7. Winterhude: Horn (22), Menzel, Gagel Wolff (22).
Dil. Foss.: Belgrandia cf. germanica, Abies pectinata.
Lage: „in der 6—7 m über NN liegenden wannenförmigen Niederung, die im O, N und W von diluvialen Höhen von 19—26 m Meereshöhe vollständig umschlossen"
Bedeckung: 0,75 m z. T. feiner, z. T. kiesiger Sand
0,50 m Grundmoräne aus lehmigem Sand und Kies, z. T. mit Schlieren von Torf, Ton und Sand
0,50 m Torfscholle
1,20 m Sande mit Humusstreifen
1,50 m wohlgeschichtete Sande
Torfflöz.

8. Winterhude-Rübenkamp: Beyle 3.
Dil. Foss.: Picea excelsa, Tilia platyphyllos
Lage: Am Grunde einer weiten Talung
Bedeckung: 0,45 m aufgetragener Boden
0,35 m alte Humusschicht

1,40 m Sand, oben feinkörnig, unten reich an gröberem Material
2,73 m Torf.

8a. Barmbeck, Steilshoperstr.: Beyle 3, III, S. 14.
Dil. Foss.: Picea excelsa, Tilia platyphyllos, Belgrandia cf. germanica
Lage: Breite Talung
Bedeckung: a) 4 m Sand
0,8 m humoser Sand
3,2 m Sand und Kies
0,5 m humoser Sand und sandiger Torf
0,15 m Torf
0,15 m Sapropel
Geschiebemergel

b) 2,0—2,5 m Sand
1,5 m Lehm mit Kieseinlagen und Pflanzenresten
1,05 m Torf, z. T.sandig
0,10 m Geschiebemergel

c) 4,0 m Sand
5,0 m Torf.

9. Bergedorf-Gojenbergsweg: Erl. Bl. Bergedorf.
Dil. Foss.: Picea excelsa, Abies pectinata
Lage: auf einer kuppenartigen Anhöhe
Bedeckung: 4 m Diluvialsand
Geschiebemergel, z. T. auf Steinsohle mit lehmigem Bindemittel reduziert
Torfflöz.

10. Witzhave: Erl. Bl. Glinde Liefr. 176, S. 12.
Dil. Foss.: —
Lage: Hang eines Tales
Bedeckung: 0—3 m grober Sand mit kleinen Geschieben
3—8 m Sapropel-Kalk, tonig
8—8,5 m Kies, darin ein Stein
8,5—8,75 m Sapropel-Kalk
8,75—10 m toniger Kies.

11. Glinde: 1 km östlich des Ortes; ebenda S. 13.
Dil. Foss.: —
Lage: in einer Talung

Bedeckung: 0—0,3 m alluviale Moorerde
0,3—1,5 m Sand, schwach tonig
1,5—1,8 m grober Kies mit Geröllen bis 4 cm Durchmesser
1,8—2,75 m Moorerde, zu unterst Lebertorf
2,75—4,0 m Geschiebesand, kalkfrei.

12.—15. Vier Vorkommen von: Glinde, Ost-Steinbek und Willinghusen: Erl. Bl. Glinde Liefrg. 176, S. 13.
Dil. Foss.: — Moorerde und Torf, z. T. mit Kalkuntergrund
Lage: Stets in Geländemulden
Bedeckung: Sand, teilweise mit größeren Geröllen, niemals Geschiebe.

16. Lauenburg-Kuhgrund: Erl. Bl. Lauenburg S. 18, Lief. 108.
Dil. Foss.: Brasenia purpurea, Dulichium spathaceum
Lage: beschränkt auf eine breite Talrinne
Bedeckung: grober Geschiebesand
feinkörnige Sande
Torf, 2 von einer Sandlage getrennte Flöze.

17. Lauenburg-Glüsing: G. Müller (35) S. LVII.
Dil. Foss.: —
Lage: —
Bedeckung: 1,2 m Sand
0,4 m Geschiebepackung mit tonig-sandigem Bindemittel-Geschiebe kopfgroß und darüber
2 m feiner Sand
2 m Torf.

18. Römstedt: Erl. Bl. Bevensen. Lieferung 156, S. 19 und 20.
Dil. Foss.: Picea excelsa
Lage: nach der Karte unmittelbar neben einer mit Abschlämmmassen erfüllten, flachen Talung
Bedeckung: a) 1,4 m schwach lehmiger Geschiebesand
0,5 m sehr sandiger Geschiebelehm
0,3 m stark humoser Sand
0,4 m schwach toniger, kalkfreier Sand
0,6 m sandiger Geschiebelehm
1,0 m Geschiebemergel

b) 1,0 m Schutt (sandiger Geschiebelehm)
0,6 m sandiger Geschiebelehm
0,3 m stark humoser Sand

1,0 m schwach sandiger Humus
0,8 m u. m. Torf.

19. Westerweyhe: Erl. Bl. Ebstorf Lief. 156, S. 21.
Dil. Foss.: Rhinoceros Mercki. Jaeg.
Lage: —
Bedeckung: 0,5—1 m Geschiebesand mit kleinen und großen Gesteinsblöcken
4—8 m steinfreier Sand geschichtet
Kalkmergel mit Strudellöchern an der Oberfläche.

20. Deutsch-Evern: sö. des Ortes. Erl. Bl. Bienenbüttel Lief. 156, Dammer (15, S. 659).
Dil. Foss. —
Lage: An der Flanke und am Grunde eines Tales
Bedeckung: 1,4—2 m oberer Sand
2,1 m Süßwasserkalk
2 m Spatsand.

21. Deutsch-Evern: Eisenbahneinschnitt östl. Höhe 36,8; ebenda S. 660.
Dil. Foss.: —
Lage: am Grunde eines Tälchens
Bedeckung: 1 m oberer Sand
3,5 m Süßwasserkalk.

22. Bienenbüttel: östl. der Chaussee Bienenbüttel-Steddorf; ebenda S. 660.
Dil. Foss.: —
Lage: am Grunde eines Tales
Bedeckung: 2 m Talsand
Süßwasserkalk.

23. Bienenbüttel: Feldweg östl. der Chaussee Bienenbüttel-Steddorf; ebenda S. 660.
Dil. Foss. —
Lage: am Grunde eines Tales
Bedeckung: 0,6 m Talsand
1,5 m Süßwasserkalk.

24. Bargtorf: sw. des Ortes. Bl. Bienenbüttel, ebenda S. 661 und 664.
Dil. Foss. —
Lage: am Grunde eines Tales

Bedeckung: 0,5 m oberer Sand oder ?Talsand
1,5 m Süßwasserkalk.

25. Deutsch-Evern: ebenda S. 662 und 664.
Dil. Foss. —
Lage: am Grunde eines Tales
Bedeckung: dünne Decke oberer Sand oder ?Talsand
Diatomeenpelit.

26. Schwienautal östlich von Brockhöfe: Erl. Bl. Wriedel S. 16, Lief. 188.
Dil. Foss.: Alter sehr wahrscheinlich diluvial
Lage: von Talsand erfüllte, breite Depression mit fließendem Wasser
Bedeckung: 1 m Talsand oder 1,5 m sandiger Kies.
Mergelsand, dünne, auskeilende Lage
Süßwasser-Kalkmergel, Typus Westerweyhe.

27. Ellerndorf: Erl. Bl., Eimke Lfrg. 188, S. 17.
Dil. Foss.: — Alter sehr wahrscheinlich diluvial
Lage: „offenes Bruchstück einer natürlichen Mulde".
Bedeckung: 1,5—2 m Talsand, an der Basis Geschiebesohle
Feinsandiger, grauer, fast ganz entkalkter Tonmergel
Mergelsand
Von 2 erwähnten, verschleppten Schollen von Süßwasserkalk scheint die eine, südwestlich von Eimke gelegene, nicht durch Solifluktion, sondern durch Eis verschleppt.

28. Honerdingen: C. A. Weber 1896 (70).
Dil. Foss.: Abies pectinata, Megaceros, Bison priscus, Bos primigenius
Lage: Am Grunde in einer deutlichen Erweiterung eines flachen Tales
Bedeckung: 0,5—1,5 m Sand, reich an Geschieben bis zu 1 m Durchmesser
2—6,5 m geschichteter Sand in muldenförmiger Lagerung
Torf und Süßwasserbildungen.

29.—33. Oberes Luhe-Tal: 5 Kieselgurgruben, Stoller (63, S. 152).
Dil. Foss.: Picea excelsa ?
Lage: in kesselförmigen Mulden im breiten Luhetal
Bedeckung: Talsand
Geschiebesand und Geschiebemergel weniger als 1 m

Mergelsand und Tonmergel, örtlich fehlend
Kieselgur.

Bedeckung: Schwindebek, ebenda S. 254
1—1,3 m Geschiebelehm
0,3—0,5 m Tonmergel
Kieselgur.

Bohrungen beim Bahnhof Hützel und am Hause Dr. Schulenberg, die am Hange des Tales liegen, haben angetroffen:
bis 20 m ±toniger, eisenschüssiger Feinsand
20—30 m feiner, etwas gröberer Sand
von 30 m an feiner, schluffiger Sand mit kleinsten, kohligen Pflanzenresten und von unangenehmem Geruch; liegt im Niveau der jenseits des Baches unter Talsand liegenden Kieselgur, ist vermutlich deren Aequivalent.

34.—36. Wiechel, Ober-Ohe und Neu-Ohe: Stoller (63, S. 115 bis 119).

Dil. Foss. —

Lage: zu beiden Seiten des Sotrieth-Tales als Ausfüllung einer langgestreckten Mulde, deren Umrisse von den heutigen Landschaftsformen noch widergespiegelt werden.

Bedeckung: Talsand oder Grundmoräne aus Geschiebesand mit stellenweise sehr großen Blöcken. An einer Stelle zwischen Neu-Ohe und Wiechel Geschiebelehm
1—3 m Sand, grob, kiesstreifig, kreuzgeschichtet, spärlich Gerölle und Schollen von Kieselgur
3—6 m Beckensand, horizontal geschichtet, geröll- und geschiebefrei, gegen den Rand geringmächtiger Kieselgur.

37. Rosche: Stoller 63, S. 62—64.

Dil. Foss.: Picea excelsa

Lage: alle 9 Vorkommen von Süßwassermergel in gleicher Höhe, in einer Niederung

Bedeckung: 2—4 m geschichtete Sande
4—6 m Kalkmergel, ihre Oberfläche ist wellig und läßt bis 1 m Tiefe und 1—2 m Breite, kesselförmige Vertiefungen erkennen.

38. Godenstedt bei Zeven: Schucht (57).

Dil. Foss.: Abies pectinata, Elephas primigenius

Lage: Diluvialterrasse am Rande des Ostetales

Bedeckung: 0,1—0,3 m Talsand mit Geschieben bis Kopfgröße, selten bis 75 cm Durchmesser
0,5 m geschiebefreier, mittelfeiner Sand
Torf
Faulschlamm
Süßwasserkalk
Quarzsand.

39. Nedden-Averbergen bei Verden a. Aller: Stoller (61).
Dil. Foss.: Rhinoceros
Lage: in tiefen Mulden und Becken, die perlschnurartig aneinander gereiht in einem Seitental der Lehrde auftreten
Bedeckung: 0,3—0,4 m Torf und Moorerde
1,5—2,0 m mittel- bis grobkörniger, geschichteter Sand mit kleinen Geröllen und Geschieben
0,2—0,3 m Torf
mehr als 5 m Süßwasserkalk.

40. Görzke: Erl. S. 17; Lief. 137 zwischen Görzke und Rottstock 2 Vorkommen.
Dil. Foss.: —
Lage: beiderseits des heutigen Buckautales
Bedeckung: 3 m Alluvium oder Talsand oder Geschiebesand
Süßwasserkalk.

41. Belzig Obermühle: Erl. S. 26, Lief. 137, Keilhack (24, S. 134.)
Dil. Foss.: Brasenia purpurea
Lage: beiderseits des Lumpenbachtales
Bedeckung: 1,5—2 m Geschiebemergel 0,5—1 m Decksand
1—2 m geschiebefreier, geschichteter Sand
bis 0,5 m sandiger Lehm in kleinen Partien
4—5 m weißer Süßwasserkalk mit Strudellöchern von $^1/_4$—1 m Durchmesser.

42. Baitz: Bl. Brück Erl. S. 29.
Dil. Foss.: —
Lage: an einer Talflanke parallel zum Tal 200 m lang bei 70—80 m Breite
Bedeckung: 0,5—1,5 m Sand
0,5—2 m Eisenocker und Süßwasserkalk.

43. Mörtz: Bl. Brück Erl. S. 29.
Dil. Foss.: —
Lage: am Grunde des Planetales

Bedeckung: 1 m steiniger Talsand
0,5 m kalkhaltige Grundmoräne
mehr als 2 m Süßwasserkalk.

44. Dahnsdorf: Komtur-Mühle. Bl. Brück, Erl. S. 30.
Dil. Foss.: Cladium mariscus
Lage: am Grund des Planetales 400 m lang und 125 m breit
Bedeckung: 1—2 m Talsand oder steiniger Kies
mehr als 2 m Süßwasserkalk.

45. Blatt Niemegk: Erl. S. 23. Lief. 137.3 Vorkommen in der Nordwestecke des Blattes.
Dil. Foss.: —
Lage: am Grunde des Puffbach- und Planetales
Bedeckung: diluviale Sande teils der Hochfläche, teils der Talsandstufe.

46. Lühnsdorf: Bl. Klepzig Erl. S. 22. Lief. 137.
Dil. Foss.: Rhinoceros antiquitatis
Lage: am Hange eines Tales
Bedeckung: steiniger Lehm, kalkfrei
Eisenocker, an dessen Oberfläche strudellochartige Gebilde bis $3/4$ m Tiefe.

Die 48 angeführten, fossilführenden Interglazialvorkommen verteilen sich nach Lage und Bedeckung wie folgt:

	in heutigen Talformen	nicht in heutigen Talformen	Lage unbekannt
ohne Anzeichen glazialer Bedeckung	No. 1—4 a, 6, 7, 8, 8 a, 10—16, 18, 20—26, 28—36, 38—45 zusammen 41	No. 5	—
mit Spuren glazialer Bedeckung	No. 27, 37, 46, vielleicht auch 41 u. 43	No. 9, 19	No. 17?

Die weitaus größte Zahl der Interglazialvorkommen liegt also in heute noch vorhandenen Talungen, nämlich 44 von 48.

Wenn wir geringmächtige Überdeckung durch Geschiebelehm nicht als Beweis für Bedeckung durch Inlandeis ansehen, da jenes Gestein infolge Solifluktionserscheinungen gewandert sein kann (siehe S. 240), so erscheinen 5 bis höchstens 8 Vorkommen als vom Inlandeis zeitweilig bedeckt. Die Vorkommen 19, 37 und 46 weisen Gletschertöpfe an der Oberfläche des Interglazials auf; bei Nr. 27 treten offenbar von Eis verschleppte Schollen auf. Nr. 9 ist nach

Lage und Bedeckung ohne Mitwirkung von Inlandeis nicht zu erklären. Ob aus dem Vorkommen von kalkhaltigem Geschiebemergel über Interglazial bei Nr. 41 und 43 auf Eisbedeckung geschlossen werden muß, erscheint unsicher.

Jedenfalls muß festgehalten werden, daß von 48 fossilführenden Interglazialvorkommen im Bereich der A-Landschaft Nordwestdeutschlands 42 keine Anzeichen von glazialer Bedeckung aufweisen und 44 in heute noch vorhandenen Talungen gelegen sind.

Die einfachste Erklärung dieser Erscheinung ist die Annahme: neben einigen älteren, glazialbedeckten, fossilführenden Interglazialen tritt eine größere Anzahl von Süßwasser- und Torfbildungen auf, die nach ihrem Fossilinhalt zeitlich dem jüngsten Interglazial entsprechen, jedoch nicht von jüngeren Glazialablagerungen bedeckt wurden, da der jüngste Eisvorstoß jene Gebiete nicht erreichte. Diese Ablagerung könnte man als eisfrei-interglazial bezeichnen.

Wie anders die Bedeckung der jüngsten Interglazialvorkommen innerhalb der morphologischen Grenze ist, möge folgende Zusammenstellung zeigen:

Vorkommen jüngeren Interglazials innerhalb der morphologischen Grenze.

Friedericia Trälleklint: Gagel 13, S. 347.
Dil. Foss.: Brasenia purpurea
Lage: —
Bedeckung: 3—4 m, Geschiebemergel
9—16 m Diluvialsand
1 m Diatomeenerde
6—10 m Süßwasserkalk.

Fahrenkrug bei Segeberg: Gagel 13, S. 344 C. A. Weber.
Dil. Foss.: Brasenia purpurea, Picea excelsa
Lage: —
Bedeckung: 4,5—6 m Geschiebemergel mit geschrammten Geschieben.

Loopstedt am Haddebyer Noor: Wolff 74, S. 46.
Dil. Foss. —
Bedeckung: Geschiebesand und Lehm.

Holtenau: Gagel 11, S. 233.
Dil. Foss.: —
Bedeckung: 13—15 m Geschiebemergel

14—18 m Geschiebesand
0—4 m Letten
1,5—5,2 m Moor, Torf und Faulschlamm.

Schmalenbeck: Beyle 3, II, S. 44.
Dil. Foss.: Brasenia purpurea
Lage: —
Bedeckung: 1,70 m Sand
3,50 m Geschiebemergel
1,0 m Torf.

Die vorstehenden Zusammenstellungen ergeben, daß in dem Gebiete außerhalb der morphologischen Grenze die Mehrzahl der fossilführenden Interglazialvorkommen in heute noch erhaltenen Talformen liegt und keine eindeutige Bedeckung durch Absätze des Inlandeises aufweist, daß hingegen die wenigen, innerhalb der morphologischen Grenze bekannt gewordenen, fossilführenden Interglazialablagerungen stets eindeutig und zumeist in großer Mächtigkeit von Grundmoräne und diluvialen Sanden überlagert werden.

Die Verbreitung, die Lagerung und die Bedeckung des jüngsten fossilführenden Interglazials in NW-Deutschland stimmen also mit der durch die morphologische Grenze erkannten Ausdehnung des jüngsten Eisvorstoßes überein.

IV. Eisboden und Solifluktion.

Bei der Untersuchung, wie die Trockentäler der A-Landschaft entstanden, kamen wir zu dem Ergebnis: in jenen, in durchlässiges Gestein eingeschnittenen Tälern konnte Wasser nur fließen, wenn der Untergrund undurchlässig war (S. 210). Es wurde erörtert, daß nur gefrorener Boden diese Vorbedingungen geschaffen haben kann, auch wurde hervorgehoben, daß schon von anderen Seiten das Vorhandensein einer Zone mit gefrorenem Boden um das diluviale Inlandeis herum vermutet worden war.

Wenn tatsächlich Eisboden im größeren Umfange in dem Gebiet außerhalb des damaligen Inlandeises aufgetreten ist, so steht zu erwarten, daß außer dem Auftreten von Tälern in heute durchlässigen Gesteinen auch noch andere Spuren jener Erscheinung vorhanden sind.

Aus den Beobachtungen von Bertil Högbom (21) u. a. wissen wir, daß die heutigen Gebiete mit Eisboden — auch Tjäle genannt — u. a. ausgezeichnet sind durch das Auftreten sehr mannigfacher Fließerde-(Solifluktions-)Erscheinungen. Wenn es gelänge, Spuren des Erdfließens in dem Gebiet des norddeutschen Flachlandes aufzufinden, so wäre eine weitere, wertvolle Stütze für das einstmalige Auftreten von Eisboden in jenen Gebieten gefunden.

B. Högbom berichtet eingehend, wie das ± tief aufgetaute, ± wasserhaltige Erdreich über dem Eisboden wandert und zwar unter sehr verschiedenen Erscheinungen. Es kann sich um einzelne gleitende Blöcke, Blockmassen, Kies oder feinkörniges Material in Sand oder Lehm handeln. Am häufigsten tritt Schutt, also grobes und feinkörniges Material durcheinander auf. Es können sich die Fließerdemassen in breiter Front oder schmäleren Zungen bewegen; sie können an ihrer Stirn mehrere Meter Höhe erreichen (S. 340). Högbom hebt hervor, daß auch an Hängen von nur einigen Graden Gefälle (S. 369) Erdfließen beobachtet wird. Weiche Gesteine neigen zu besonders kräftiger Entwicklung der Fließerdeerscheinungen (S. 364). Durch das Erdfließen wird das bei starker Frostwirkung sich stetig erneuernde, lose Material von den höher gelegenen Teilen in die benachbarten Tiefen verfrachtet, bis es vom rinnenden Wasser weiter entführt wird.

In Gebieten mit anstehenden, härteren Gesteinen sind Fließerdebildungen des Schuttes erst spät beachtet und ihrer Natur nach erkannt worden. In unseren Flachlandsgebieten, wo fast ausschließlich die lockeren, so mannigfach gemengten Diluvialgesteine oberflächenbildend auftreten, werden vorzeitliche Fließerdeformen noch viel weniger leicht zu erkennen sein. B. Högbom selber erklärt S. 376: es muß in den Gegenden außerhalb der großen Vereisungen eine perennierende Tjäle und starke Solifluktion vorhanden gewesen sein. Es ist aber kaum zu erwarten, daß man von dieser Fließerde auffallende Spuren antreffe.

Das wird richtig sein hinsichtlich der äußeren Form der Fließerdeerscheinung. Vielleicht aber lassen sich doch einige bisher nicht hinreichend erklärte Beobachtungen im nw-deutschen Diluvium als Reste von Fließerdebildung deuten.

Zunächst einmal wird auf der geologischen Karte Lfrg. 168 Bl. Hamwarde angegeben, das sich oberer Geschiebemergel an der Nordflanke des Elbtales von 50 m bis unter die Talsande herabziehe, Erl. S. 7. Für das benachbarte Bl. Artlenburg ergibt sich aus der Erläuterung, daß oberer Geschiebemergel am Elbtalhang i. a. der Elbe zu einfällt und sich aus wenig über Elbniveau bis 50 m Höhe hinaufzieht. Gagel schließt hieraus und aus den unruhigen Geländeformen des Steilabfalls zwischen Geesthacht und Besenhorst, daß Inlandeis diesen Steilabfall vorgefunden habe, auf ihn ins Tal hinabgeglitten sei und beim Abschmelzen auf jenem Steilhang eine kuppige Moränenlandschaft hinterlassen habe.

Gegen Gagels Deutung sind mancherlei Bedenken anzuführen. Inlandeis, das bis 10 m mächtige Grundmoräne zurückließ, müßte beim Passieren der Gehängekante diese bald abgetragen und in jenen weichen Gesteinen durch subglaziale Wasser ein zur Elbe führendes Rinnensystem geschaffen haben. Aber auf den Blättern Hamwarde, Artlenburg und Lauenburg reicht das Talsystem der Linau von Norden bis an die Höhen des Elbtalrandes heran (s. S. **193**) und durchbricht auf Bl. Lauenburg sogar die Endmoräne von S gegen N.

Die von Gagel als kuppige Moränenlandschaft gedeutete Böschung weist außerdem ein bis in die kleinsten Tälchen zusammenhängendes Rinnensystem auf und unterscheidet sich durch die gleichmäßig gerundete Oberfläche der Höhen von echten Aufschüttungsformen.

Nimmt man ferner an, das Inlandeis hätte das Elbtal überschritten und versperrt, so ergibt sich die häufig erörterte Frage, wo flossen die Schmelzwässer des Ostens ab? zumal wenn das Ohretal als Abfluß nicht in Frage kam. Wäre das Eis aber im Elbtal selber geschmolzen, so würde der Zusammenhang mit dem Glazial der südlich anschließenden Gebiete fehlen. Ich möchte daher glauben, daß jene Erscheinungen durch Solifluktion bedeutend einfacher zu erklären sind, als durch Moränen entstanden.

Als ein weiterer Beleg für das vormalige Auftreten der Solifluktion in unserer Gegend sei auf folgendes hingewiesen. Über den interglazialen Torfablagerungen von Brörup, Sylt, Lauenburg, Schulau, Winterhude, Hamburg-Steilshop, Lütjenbornholt und Klinge sind sandige, kiesige oder lehmige, ungeschichtete Gesteine beobachtet, die größere und kleinere Geschiebe regellos verteilt umschließen. Diese Gesteine sind teils als glazial entstanden gedeutet, von andern aber als Abschlämmassen angesehen.

Eine der letzten derartigen Diskussionen bezog sich auf die Schichten, die im Stadtpark Winterhude bei Hamburg den Torf mit Brasenia purpurea, einer in Europa ausgestorbenen Pflanze und Süßwasserkalk mit Belgrandia cf. germanica, einer in Deutschland ausgestorbenen Schnecke überlagern (22). Horn schreibt hierüber:

S. 130. In der 6—7 m über NN liegenden wannenförmigen Niederung, die im O, N und W von Diluvialhöhen von 19—26 m Meereshöhe vollständig umschlossen und nur nach S geöffnet ist,

ist unter einer mächtigen Bedeckung von Sand eine Folge von See- und Moorablagerungen erschlossen worden.

S. 133. Der Torf ist mit dem darüber liegenden Sande merkwürdig gestaucht und verfaltet. Die Stauchung der Sande hört an einer bestimmten Grenze, die in weiter Ausdehnung durch eine tonige, mit vielen Feuersteinsplittern und Kieseln erfüllte Schicht gebildet wird, auf und darüber legen sich mehr oder weniger horizontal geschichtete Sande. Die gesamte Mächtigkeit der Sande schwankt zwischen 2 und 7 m. Am Fuß der westl. ziemlich steilen Höhe lag über dem Torf eine Schicht mit vielen faust- bis kindskopfgroßen Steinen, die mehrere windgeschliffene Geschiebe, darunter einen großen Dreikanter enthielt.

S. 135. Auf den Torf- und Süßwasserschichten aber liegt weder Geschiebemergel noch irgend etwas, was als Überrest eines solchen angesehen werden könnte. Da durch die nach S geöffnete, wannenförmige Niederung kein größeres Gewässer durchgeflossen ist, so können die Sandmassen nur durch Abschwemmung von den umgebenden Diluvialhöhen .... auf den Torf gelangt sein.

Koert hingegen berichtet:

S. 144. Schichtenprofil:

0,75 m z. T. feiner, z. T. kiesiger Sand

0,50 m Grundmoräne in Gestalt von lehmigem Sand und Kies mit faustgroßen Geschieben, z. T. mit Schlieren von Torf, Ton und Sand; stellenweise ist eine aus Torf, Sand und Geschieben zusammengeknetete Lokalmoräne entstanden.

0,50 m Torfscholle

1,20 m Sande mit Streifen von strukturlosem Humus

1,50 m wohlgeschichtete Sande und Torfflöz.

S. 145. Örtlich greift das sandig-kiesige Diluvium in mehr als 1 m tiefen Taschen in den primären Torf ein. Nach N zu beobachteten wir sogar eine überkippte Falte von tonstreifigen Sanden.

S. 145. Die Abbildung S. 149 soll die starken Stauchungen und Schweifbildungen des Ton- und Torfstreifen führenden Sandes und Kieses veranschaulichen.

Gagel schreibt:

S. 148. Der „sandig steinige Ton“, bezw. „tonige, steinige Sand“ bezw. „tonige Kies mit Flintsplittern“ ist .... eine sichere Grundmoräne und zwar eine stark verwaschene.

Die sehr sanft ansteigenden Geesthöhen zeigen keinerlei wesentliche oder merkliche Erosionswirkungen und haben ein viel zu geringes Gefälle (weniger als 1 : 100) als daß kopfgroße Geschiebe von ihnen heruntergespült sein könnten.

S. 149. Über dem primären, ungestörten Torflager liegen 1 bezw. 2 Lagen von umgelagerten, sehr stark verunreinigten und mit faustgroßen Geschieben durchsetzten Torf, die durch eingelagerte ± mächtige Sandmassen von einander und in sich noch geteilt sind.

Wolff sagt:

S. 152. Die vorgezeigte, tonige Kiesprobe könne unter keinen Umständen als Geschiebelehm gelten ...... Nirgends auf der ganzen, mehr als 500 m breiten und langen Aufschlußfläche sieht man ein Geschiebe über dem Torf; nur entlang der Geesthöhen findet man herabgewanderte größere Steine bis zu Kopfgröße.

Horn sagt im Schlußwort:

S. 153. Am Fuße der steileren, westlichen Höhe, wo der mit 15—20° steil absteigende Torf auf dem Diluvium liegt, war auf der Oberfläche des Torfes ein förmliches Lager von Steinen zu beobachten, welche Faust bis Kopfgröße erreichten. Solche Steine können bei starken Regengüssen auf einem 10—20° geneigten Gehänge sehr leicht abwärts transportiert werden.

Bei einem Versuch, die vorstehend aufgezählten, entgegensätzlichen Deutungen zu vereinigen, dürfte von ausschlaggebender Bedeutung werden die Schicht, die am Fuße der westlichen Höhe über dem Torf angetroffen war und bis kindskopfgroße Steine, darunter mehrere windgeschliffene enthielt. In jedem der 2 von Horn S. 131 gegebenen Profile tritt diese Schicht über dem Torf auf. Die Bohrungen 19, 41, 42 und 43 haben jene Schicht getroffen. Daraus ergibt sich, daß mindestens auf 180 m Länge jene Schicht am Hang der Winterhuder Höhe vorhanden ist.

Andererseits zeigt die hervorragende Karte der hamburgischen Baudeputation 1 : 20 000 mit Höhenlinien mit 1 m Abstand, daß der Osthang jener Höhe ganz gleichmäßig abfällt ohne jede Andeutung von Erosionsrinnen.

Gagel hat sicher Recht, jene kopfgroßen Geschiebe können bei den schwachen, in Frage kommenden Neigungen nicht von flächenhaft wirkenden Wässern abgespült sein und da Erosionsrinnen fehlen, auch nicht durch das in diesen mit verstärkter Kraft arbeitende Wasser.

Aber auch Horn und Wolff haben Recht, die auf den Ostfuß jener Höhe beschränkte Verbreitung der Geschiebe weist ganz eindeutig auf eine Herkunft von jener Höhe hin.

Gagel und Koert, Horn und Wolff haben richtige Beobachtungen und Äußerungen gemacht, aber ihre Deutungen passen nicht: nicht rinnendes Wasser und ebenso wenig Inlandeis, sondern Erdfließen dürfte die transportierende Kraft gewesen sein. Nur durch Bodenfrost und Erdfließen ist der Transport bis kopfgroßer Geschiebe auf so sanften Hängen, ist der Mangel an Schichtung im tonigen Kies, sind die starken Stauchungen und Schweifbildungen der Ton- und Torfstreifen führenden Sande und Kiese zu verstehen.

Die Schlieren und Schweifbildungen und auch gewisse Stauchungserscheinungen sind m. E. als sicherer Beweis für Solifluktionsbewegungen anzusehen. Schlieren und Schweifbildungen, wie sie von Winterhude (22, S. 144, 145) Skovslyst und Tuesböl Mark bei Brörup (23) und Westerland (36, S. 15) erwähnt werden, können nicht durch rinnendes Wasser, sondern nur durch Fließen einer breiartigen Masse entstehen. Als solche breiartige Masse kommt für Skovslyst Inlandeis nicht in Frage, da nach Angabe der Untersuchenden die Deckschichten einen vom Zentrum nach allen Richtungen zunehmenden Gehalt an Geschieben aufweisen, also ersichtlich von den benachbarten Höhen stammen, und da ferner die Stauchung und Schlierenbildung außer aus N und O in deutlich erkennbarer Weise aus S und SW Richtung stattgefunden hat. Es sind die Lagerungsstörungen bei Skovslyst nur zu deuten als Wirkung einer breiartigen Masse, die von allen Seiten auf das Torflager herabgeflossen ist. Dies kann nur Fließerde gewesen sein.

Auch die eigentümlichen Stauchungen, wie sie von Klinge (56) und von Winterhude durch Horn und Koert abgebildet und von Skovslyst und Tuesböl bei Brörup von den Dänen beschrieben werden, dürften Spuren des Erdfließens sein.

Einen weiteren, sehr wichtigen allgemeinen Hinweis auf das einstmalige Wirken von Erdfließen in unseren Gegenden gibt uns B. Högbom selber.

S. 363 schreibt er: „Um überhaupt die gewöhnlichen, sanften Bodenformen hervorzurufen, ist ein Gekriech des Bodenmaterials, wie die Solifluktion, nötig; das linear wirkende Wasser würde sonst überall eine fürchterliche bad-land Natur entwickeln."

Högbom bezog diesen Satz nur auf Spitzbergen und die skandinavischen Hochgebiete. Wir haben jedoch S. 172 u. f. gesehen, daß dort, wo heute im nw-deutschen Diluvium Abtragung stattfindet, sie durch oberflächlich abfließendes, also linear arbeitendes Wasser bewirkt wird. Die Vorbedingungen zur bad-land Bildung dürften vorhanden gewesen sein, und ihr Beginn scheint in den Lehmgebieten der J-Landschaft angedeutet zu sein (s. S. 175). Bad-land Formen müßten in Gebieten, die hinreichend lange und zu $\pm$ vegetationslosen Zeiten der Abtragung ausgesetzt waren, also im Bereich der A-Landschaft, stark entwickelt sein, doch fehlen sie hier. Statt dessen finden wir sanft gerundete, gleichmäßige Oberflächenformen; dies aber sind die Formen des Erdfließens! Also die „greisenhaften" Formen der A-Landschaft sind nicht „verwaschene", sondern zerflossene Formen!

Im Zusammenhang mit den Betrachtungen über Winterhude erhebt sich ferner die Frage, ob nicht das, was im norddeutschen Diluvium als Decksand bezeichnet wird, z. T. oder gar ganz als Solifluktionsschutt zu deuten ist. Sicherlich ist die Frage nach der Entstehung des Decksandes bisher nicht entschieden. Im Verlauf dieser Untersuchung wurde seine eventuelle Bedeutung leider erst erkannt, als die Beobachtungen im Gelände ziemlich abgeschlossen waren; daher kann hier zur Verbreitung und Herkunft des Decksandes keine Stellung genommen werden.

Da durch die Vorkommen von Winterhude, Brörup usw. das einstmalige Auftreten von Bodenfrost und Erdfließen für unsere Gegend bewiesen wird, ist anzunehmen, daß jene Faktoren auch bei anderen Erscheinungen in Rechnung zu stellen sind. So dürfte Erdfließen bei der Deutung gewisser Diluvialprofile mit in Betracht zu ziehen sein. Stoller z. B. gibt (63, S. 155) an, daß Kieselgur im oberen Luhetal, deren Vorkommen auf das heutige Tal beschränkt ist, u. a. von geringmächtigen, vielfach weniger als 1 m-Geschiebesand bedeckt ist, der stellenweise in echten Geschiebemergel übergeht. Ebenso erwähnt Stoller von der Kieselgur von Ober-Ohe (63, S. 118) eine Grundmoräne von 1—2 m Mächtigkeit, die größtenteils aus Geschiebesand, an einer Stelle aber auch aus Geschiebelehm besteht. Bisher galten diese Geschiebesande und Geschiebemergel als an Ort und Stelle vom Eis zurückgelassen, also als Beweis für Bedeckung durch Inlandeis. Da jedoch auch Geschiebemergel und Geschiebelehm durch Erdfließen bewegt sein können, ist ein geringmächtiges Vorkommen dieser Moränenreste an sich kein Beweis für Bedeckung durch Inlandeis. Denken wir uns zur Zeit der letzten Zwischeneiszeit ein von Wiesenaue erfülltes Tal mit steilen Rändern aus Grundmoräne, später dann Auftreten von Bodenfrost und Solifluktion, so werden Geschiebesand und Geschiebelehm, möglicherweise auch Geschiebemergel, die der Entstehung nach älter sind, über die jüngeren Torf- und Süßwasserabsätze ausgebreitet werden.

Von den Ausführungen dieses Kapitels geben die Verhältnisse von Winterhude, Brörup und die Erörterung über die zerflossenen Formen der A-Landschaft sichere Beweise für einstmaliges Erdfließen. Dieses aber hat gefrorenen Boden zur Voraussetzung. War der Erdboden tiefgründig gefroren, dann waren auch die Vorbedingungen gegeben, die es ermöglichten, daß in vollkommen wasserdurchlässigen Gesteinen kilometerlange Täler erodiert wurden, wie in Kapitel E Abschnitt II auseinander gesetzt ist.

V. Über die Sölle.

Schon von Werth (71, S. 261) und dann besonders von Wunderlich (76) sind, außer den Seen, die kleinen und kleinsten Hohlformen, die von ihnen als Sölle zusammengefaßt wurden, benutzt worden, um das norddeutsche Diluvium morphologisch zu teilen. Beide haben, letzterer trotz der schon vorliegenden Andeutungen (58), jene kleinen Hohlformen nicht nach Lage, Bau und Entstehung getrennt, sondern in ihrer Gesamtheit verwandt; auch nicht angegeben, ob jene Hohlformen ihnen durch Autopsie oder nur aus den Karten bekannt waren.

Auch ich glaubte anfangs die Sölle als morphologisches Trennungsmerkmal benutzen zu können und war sehr erstaunt über deren Vorkommen an den Flanken und am Grunde von Trockentälern im Bereich der A-Landschaft, z. B. Bl. 1218 Besitz, wo Sölle sogar am Rande des Urstromtals der Elbe auftreten. Ich glaubte sogar eine sollreiche Zone gleich außerhalb der morphologischen Grenze aussondern zu können. Aber die S. 186 geschilderten Erkundungen auf dem Kisdorfer Wohld ließen erkennen, daß so kleine natürliche Hohlformen auf den Mbl. überhaupt nicht, und im Gelände z. T. auch nur schwer oder gar nicht von künstlichen Gruben (Wohngruben, Tränkgruben, Mergelgruben u. a.) zu unterscheiden sind. Auch durch das S. 185 erwähnte Auftreten natürlicher, kleiner, abflußloser Hohlformen auf Wasserscheiden bis tief in den Bereich der A-Landschaft hinein, wird das Ausscheiden einer äußersten Grenze der Sölle sehr erschwert. Ferner sind auf den in den letzten Jahrzehnten aufgenommenen Mbl. ganz flache Vertiefungen (bis herab zu 1,25 m Tiefe) mitverzeichnet. Sogar jene flachen Hohlformen sind angegeben, die dadurch entstehen, daß kleine flache, am Fuße von Regenrissen gelegene Schuttkegel aus Sand Trockentäler versperren. Solche Schuttkegel scheinen sich in stark durchlässigen Gebieten übrigens z. T. wallartig um die Stelle, an der das Wasser versickerte, ablagern zu können. Hierdurch entstehen gesonderte kleine Hohlformen.

Da es mir unmöglich war, zwischen allen diesen kleinen Hohlformen zu sondern, erschien es ratsam, sie ganz außer Betracht zu lassen. Wo diese für mich ausscheiden, dürfte sich eine Widerlegung der Angaben von Werth und Wunderlich über das Vorkommen von Söllen im W von Schleswig-Holstein und in der Lüneburger Heide, also im Gebiet unserer A-Landschaft, erübrigen.

G. Schluß.

Die vorliegende Untersuchung ging davon aus, gewisse Unterschiede in den Oberflächenformen NW-Deutschlands rein empirisch zu untersuchen. Dies führte zu einem erhofften und einem zweiten unerwarteten Ergebnis. Erhofft war, mit Hilfe der morphologischen Unterschiede die viel umstrittene Grenze der jüngsten Vereisung NW-Deutschlands eindeutig festlegen zu können. Diese Hoffnung erfüllte sich: eine morphologische Grenze ist vorhanden, sie fällt zumeist mit Endmoränen zusammen.

Das andere, überraschende Hauptergebnis wurde abgeleitet aus den km-langen Trockentälern in wasserdurchlässigen Gesteinen. Der Versuch, deren Entstehung zu deuten, führte zur Annahme vormaligen Bodenfrostes. Dieser aber bedingt Erdfließen und so wurde, nach Belegen für dereinstiges Erdfließen in unseren Gebieten gesucht und zwar mit Erfolg. Das überraschendste Ergebnis war, daß die Oberflächenformen außerhalb der morphologischen Grenze zum großen Teil durch Erscheinungen des Erdfließens bedingt sind.

Teilergebnisse gleicher Art oder ähnliche Resultate als die hier gewonnenen sind schon vorher von anderer Seite gefunden.

Heute dauernd trockne Täler, auch solche in durchlässigen Gesteinen, sind von außerhalb des norddeutschen Flachlandes mehrfach erwähnt. Schon 1887 schilderte Reid Trockentäler aus dem Kreidegebiet der Downs nahe Brighton (49). Er wies darauf hin, daß Schotter und Terrassen in ihnen fehlen. Er erwägt alle Möglichkeiten ihrer Entstehung und kommt zu dem Ergebnis, daß nur gefrorener Boden die Kreide habe wasserundurchlässig machen können (S. 369 unten);

dann hätten etwaige Sommerregen nicht in den Boden eindringen können und wären nach Art von Wildbächen schnellstens abgeflossen. Dabei wären dann bis zu den höchsten Höhen hinauf Bachbetten in heute vollkommen durchlässigen Gesteinen entstanden. Reid hat also schon damals Anschauungen entwickelt, wie sie sich mir ohne Kenntnis jener Arbeit für die Entstehung der langen Trockentäler in der Lüneburger Heide aufgedrängt hatten.

Auf das Problem der Trockentäler hat auch Salomon (51) hingewiesen. 1919 hat S. Passarge, der diesen Erscheinungen schon länger nachging (39), erneut hervorgehoben, daß in den deutschen Mittelgebirgen Spuren diluvialen Erdfließens weit verbreitet sind; auch er betont, (40, S. 44 oben), daß manche Talformen wesentlich durch Erdfließen bedingt sind und daß die heutigen Wassermengen für die Bildung dieser Täler ersichtlich nicht ausreichen.

1920 hebt C. Ratjens (48, S. 66) die Bedeutung des Bodenfrostes für die Solifluktionserscheinungen auf Bl. Saalfeld hervor.[1])

Die genannten Erscheinungen sind nach Ansicht ihrer Entdecker zu den Zeiten der stärksten Vereisung unter dem Einfluß des glazialen Klimas entstanden. Wenn Spuren dieses Klimas im Mittelgebirge erhalten geblieben sind, so ist es nichts Auffallendes, daß ähnliche Spuren in denjenigen früher vereisten Gebieten vorhanden sind, die während der letzten Vereisung nahe dem Eisrand gelegen, aber eisfrei geblieben waren. So stützen jene Beobachtungen die Anschauungen, die im Verlauf dieser Untersuchungen über die Entstehung der A-Landschaft vorgetragen sind.

Hinsichtlich der morphologischen Grenze und ihrer Bedeutung hat W. Wolff wiederholt ähnliche Anschauungen vertreten (73, 75). Hervorzuheben ist auch, daß O. Tietze (66) den südlich von Havelberg gelegenen Teil der morphologischen Grenze schon sehr richtig erkannt hat. Er untersuchte die Verbreitung der Formentypen, die der J-Landschaft eigen sind und fand dadurch den äußersten Rand der jüngsten Vereisung zwischen Havelberg und Sperenberg; er fand die Grenze nicht auf dem Fläming, sondern nördlich an dessem Fuße. Die Kritik, die seiner Arbeit von gewisser Seite zuteil wurde, scheint mehr das Ziel gehabt zu haben, bisherige Anschauungen zu retten als die vorgebrachten Tatsachen zu prüfen. Die Grenze der jüngsten Vereisung, wie sie auf der geol. Übersichtskarte der Provinz Brandenburg

[1]) Auch E. Meyer (Jahrb. Preuß. Geol. Landesanstalt 37, II, 1916, S. 292) weist darauf hin, daß Spuren von Bodenfluß im norddeutschen Flachlande zu erwarten sind.

Gripp: Äußerste Grenze der letzten Vereisung in NW-Deutschland.

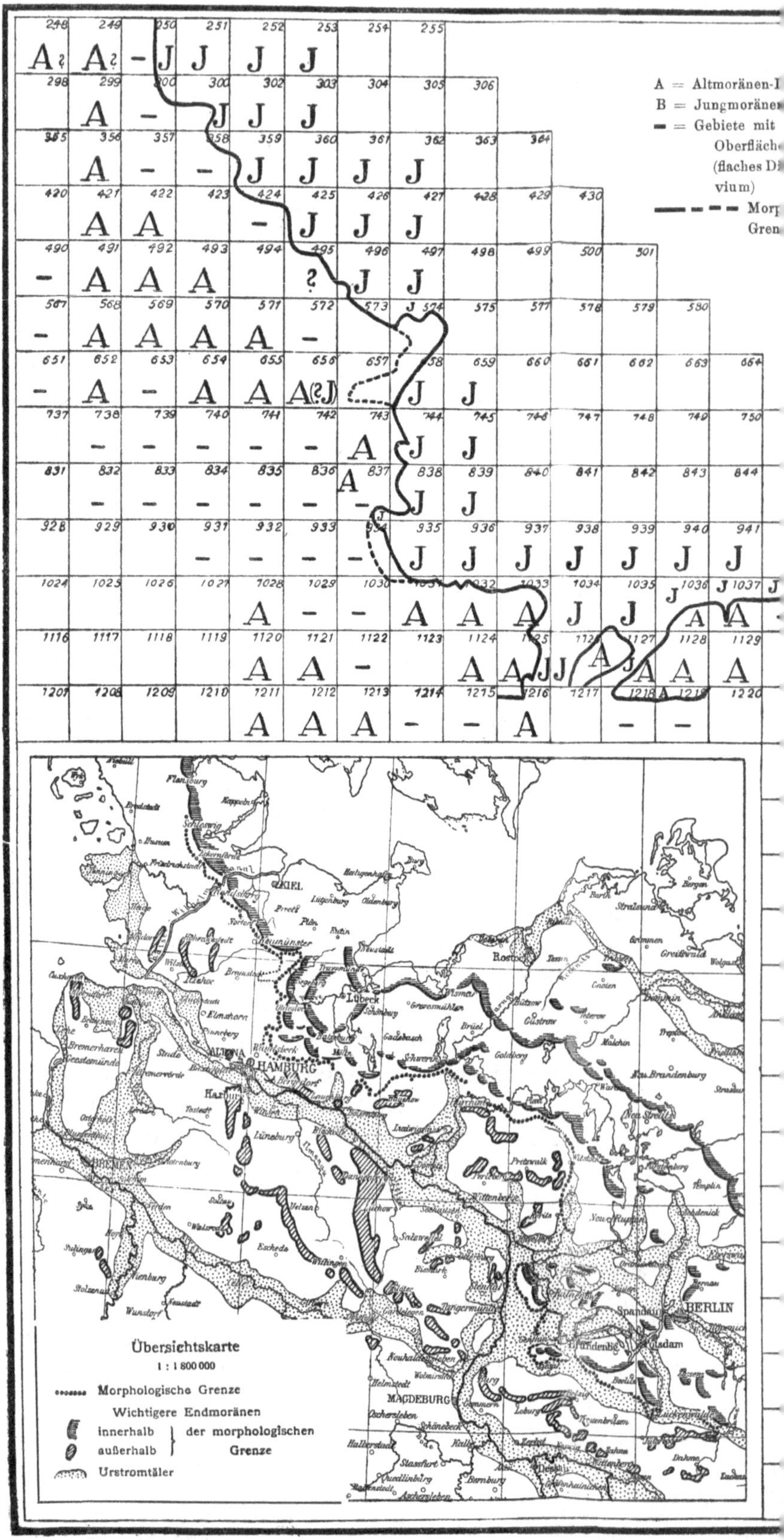

erlauf der Morphologischen Grenze in NW-Deutschland.

248 Hattstedt
249 Viöl
250 Jübeck
251 Schleswig
252 Brodersby
253 Sieseby
299 Ostenfeld
300 Hollingstedt
301 Kropp
302 Hütten
303 Eckernförde
356 Süderstapel
357 Meggerdorf
358 Owschlag
359 Rendsburg
360 Flemhude
361 Kiel
362 Friedrichsort
421 Tellingstedt
422 Dellstedt
424 Bokelholm
425 Westensee
426 Flintbeck
427 Preetz

491 Nordhastedt
492 Hademarschen
+93 Todenbüttel
495 Nortorf
496 Brügge
497 Stolpe
568 Süderhastedt
569 Schenefeld
570 Hohenwestedt
571 Hennstedt
572 Neumünster
573 Gr. Kummerfeld
574 Bornhöved
652 Buchholz
654 Jtzehoe
655 Kellinghusen
656 Bad Bramstedt
657 Heidmühlen
658 Segeberg
659 Warder
743 Stuvenborn
744 Leezen
745 Bad Oldesloe
837 Wakendorf
838 Bargteheide
839 Eichede
934 Bergstedt
935 Ahrensburg
936 Trittau
937 Nusse
938 Mölln
939 Seedorf
940 Gr. Salitz
941 Gr. Brütz
942 Schwerin
943 Langenbrütz

1028 Wedel
1031 Glinde
1032 Schwarzenbek
1033 Siebeneichen
1034 Gudow
1035 Zarrentin
1036 Wittenburg
1037 Barum
1038 Sülstorf
1039 Crivitz
1120 Buxtehude
1121 Harburg
1124 Hamwarde
1125 Pötrau
1126 Gresse
1127 Camin
1128 Körchow
1129 Hagenow
1132 Spornitz
1133 Parchim
1134 Lübz
1211 Hollenstedt
1212 Hittfeld
1213 Stelle
1216 Lauenburg
1218 Besitz
1219 Lübtheen
1224 Marnitz
1225 Dars
1226 Meyenburg
1309 Hülsebeck
1310 Putlitz
1311 Schmolde
1312 Freyenstein
1391 Gr. Pankow
1392 Pritzwalk
1393 Wittstock
1394 Babitz
1471 Lindenberg
1472 Kolrep
1473 Wuticke
1474 Rossow
1544 Glöwen
1545 Demerthin
1546 Kyritz
1547 Tramnitz
1615 Havelberg
1616 Lohm

1617 Wusterhausen
1618 Wildberg
1619 Fehrbellin
1685 Sandau
1687 Rhinow
1688 Friesack
1689 Brunne
1756 Stendal
1757 Arneburg
1758 Schollene
1759 Rathenow
1760 Haage
1761 Ribbeck
1826 Lindstedt
1827 Lüderitz
1830 Vieritz
1832 Garlitz
1833 Tremmen
1897 Dolle
1901 Schlagenthin
1902 Plaue
1903 Brandenburg
1904 Gr. Kreutz
1905 Ketzin
1906 Potsdam
1965 Kolbitz
1968 Parchen
1969 Karow
1970 Gr. Wusterwitz
1971 Göttin
1972 Lehnin
1973 Werder
1977 Königswusterhausen
1978 Wernsdorf
2035 Theessen
2036 Ziesar
2037 Glienecke
2038 Golzow
2039 Damelang
2040 Beelitz
2041 Wildenbruch
2103 Loburg
2104 Alten-Grabow
2105 Görzke
2106 Belzig
2107 Brück
2109 Hennickendorf
2110 Schöneweide
2111 Sperenberg
2112 Teupitz
2133 Wendisch-Buchholz
2170 Lindau
2172 Stackelitz
2173 Klepzig
2174 Niemegk
2175 Treuenbrietzen
2176 Zinna
2177 Luckenwalde
2178 Paplitz
2179 Baruth
2246 Jüterbog
2247 Schlenzer
2248 Petkus
2252 Straupitz

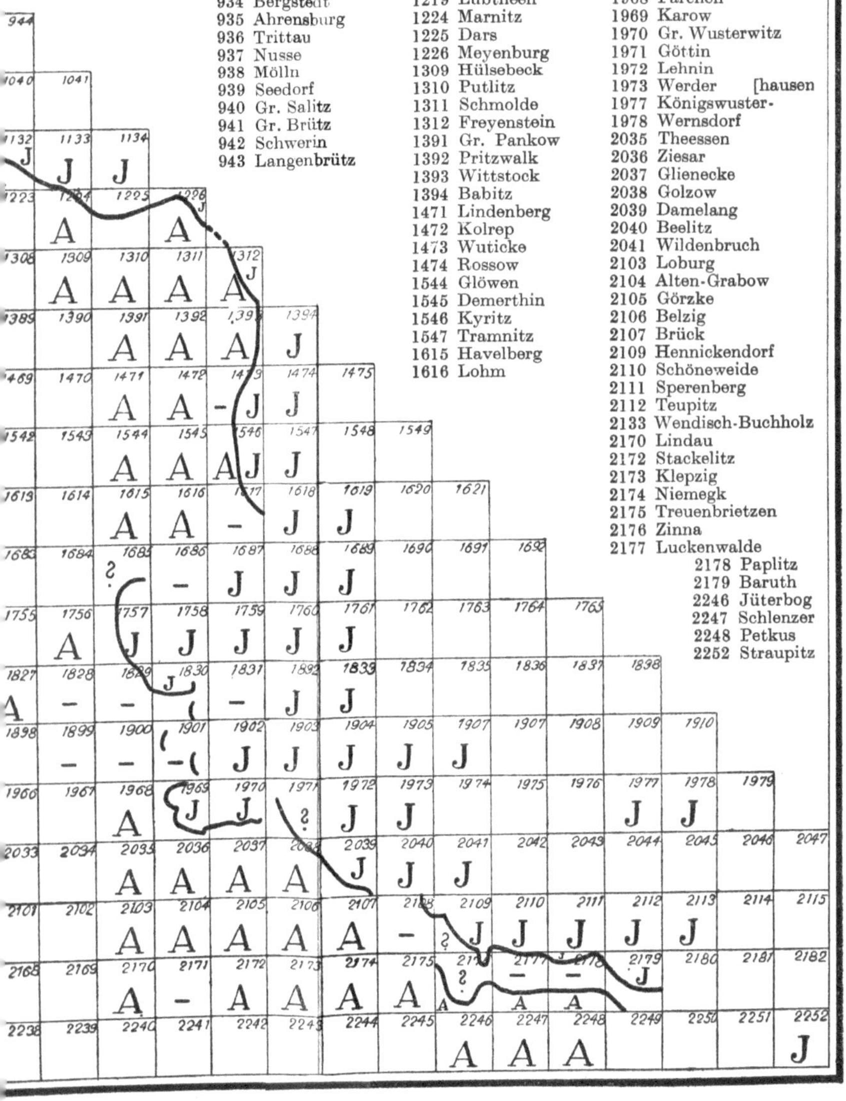

FSC
www.fsc.org
MIX
Papier | Fördert
gute Waldnutzung
FSC® C083411

Zeitfracht Medien GmbH
Ferdinand-Jühlke-Straße 7
99095 Erfurt, Deutschland
produktsicherheit@kolibri360.de